设计师视角下建设工程全文强制性通用规范解读系列丛书

《工程结构通用规范》GB 55001-2021 应用解读及工程案例分析

魏利金　编著

中国建筑工业出版社

图书在版编目（CIP）数据

《工程结构通用规范》GB55001-2021 应用解读及工程案例分析 / 魏利金编著 . — 北京 ：中国建筑工业出版社，2022.5

（设计师视角下建设工程全文强制性通用规范解读系列丛书）

ISBN 978-7-112-27263-1

Ⅰ. ①工… Ⅱ. ①魏… Ⅲ. ①工程结构-设计规范-中国 Ⅳ. ①TU3-65

中国版本图书馆 CIP 数据核字（2022）第 054916 号

为使广大建设工程技术人员能够更好、更快地理解、掌握、应用和执行《工程结构通用规范》GB 55001-2021 条文实质内涵，作者以近 40 年的工程设计实践经验，结合典型工程分析，由设计视角全面系统地解读《工程结构通用规范》相关条文，诠释其内涵，析其理、明其意。强制性条文的文字表达具有逻辑严谨、简练明确的特点，且只作原则规定而不述理由，对于执行者和监管者来说可能只知其表，而未察其理。本书共分两大篇，第一篇是概述，主要内容包含：现行规范强制性条文存在的不足、通用规范的编制依据及原则、实施监督相关内容；第二篇是工程结构通用规范，主要内容包含：总则、基本规定、结构设计、结构作用。本书内容全面、翔实，具有较强的可操作性，可供建设工程相关从业人员参考使用。

特别说明：本书关于《工程结构通用规范》的若干解读，仅代表笔者个人观点，仅供对规范条文理解时参考使用，不具备任何法律约束力。

责任编辑：徐仲莉　王砾瑶　范业庶
责任校对：党　蕾

设计师视角下建设工程全文强制性通用规范解读系列丛书
《工程结构通用规范》GB 55001-2021
应用解读及工程案例分析
魏利金　编著
*
中国建筑工业出版社出版、发行（北京海淀三里河路 9 号）
各地新华书店、建筑书店经销
北京鸿文瀚海文化传媒有限公司制版
北京市密东印刷有限公司印刷
*
开本：787 毫米×1092 毫米　1/16　印张：12¼　字数：303 千字
2022 年 7 月第一版　　2022 年 7 月第一次印刷
定价：**55.00** 元
ISBN 978-7-112-27263-1
（38953）

前　言

工程建设全文强制性标准是指直接涉及建设工程质量、安全、卫生及环境保护等方面的工程建设标准强制性条文。为建设工程实施安全防范措施、消除安全隐患提供统一的技术法规要求，以保证在现有的技术、管理条件下尽可能地保障建设工程质量安全，从而最大限度地保障建设工程的设计者、建造者、所有者、使用者和有关人员的人身安全、财产安全以及人体健康。工程建设强制性标准是经济社会运行的底线法规要求，全文都必须严格执行。

对于《工程结构通用规范》条文的正确理解与实施，对促进房屋建筑活动健康有序发展，保证工程质量、安全，节约投资，提高投资效益、社会效益和环境效益都具有重要的意义。

为进一步延伸阅读和深度理解《工程结构通用规范》强制性条文的实质内涵，促进参与建设活动各方更好地掌握和正确理解工程建设强制性条文规定的实质内涵，笔者由设计师视角全面解读《工程结构通用规范》条文，笔者以近 40 年的工程实践经验，紧密结合实际工程案例分析。把规范中的重点条文以及容易混淆、容易产生歧义和出错的条文进行了整合、归纳和对比分析，给出参考案例分析。旨在帮助读者更好、更快地学习、应用和深度理解规范的条款。

本书共分两大篇，第一篇是概述，主要内容包含现行规范强制性条文存在的不足、通用规范的编制依据及原则、实施与监督等；第二篇是工程结构通用规范，主要内容包含总则、基本规定、结构设计、结构作用。本书内容涵盖了《工程结构通用规范》全部内容，解读内容涉及诸多法规、规范、标准，以设计概念和设计思路贯穿全文，解读通俗易懂，系统翔实，工程案例极具代表性，阐述观点独到而精辟，有助于相关人员全面系统地理解工程结构通用规范的实质内涵，更有助于尽快提高设计综合能力。

本书可供从事土木工程结构设计、审图、顾问咨询、科研人员阅读，也可供高等院校师生及相关工程技术人员参考使用。希望本书的出版发行能够使读者尽快全面正确理解《工程结构通用规范》条款，如有不妥之处，还恳请读者批评指正。

目　录

第一篇　概述

第二篇　工程结构通用规范

第一篇 概述

1. 原规范强制性条文存在的不足

在工程建设强制性标准发展过程中，无论是强制性条文编制、审查、发布，还是其实施及实施监督，一些不适应和不完善的地方逐渐暴露出来。主要有以下几个方面：

（1）强制性条文散布于各本技术标准中，系统性不够强，且存在不少的重复、交叉甚至矛盾。目前，强制性条文由标准编制组提出，经标准审查会审查通过后，再由住房和城乡建设部强制性条文协调委员会审查。审查会专家多从技术层面把关，可较好地把握技术的成熟性和可操作性。但编制组和审查会专家可能对强制性条文的确定原则理解不深，或对相关标准的规定（特别是强制性条文）不熟悉，造成提交的强制性条文与相关标准强制性条文重复、交叉甚至矛盾。强制性条文之间内容交叉甚至矛盾势必会造成实施者无所适从，不利于发挥标准的作用，更不利于保证质量和责任划分。

以下列举几本常用规范中强条的不协调之处。

【举例说明 1】重复、交叉且矛盾

关于抗震等级一、二、三级的框架和斜撑构件的三项要求：

1）《建筑抗震设计规范》GB 50011-2010（2016 版）第 3.9.2 条（强条）

3.9.2-2-2）抗震等级为一、二、三级的框架和斜撑构件（含梯段），其纵向受力钢筋采用普通钢筋时，钢筋的抗拉强度实测值与屈服强度实测值的比值不应小于 1.25；钢筋的屈服强度实测值与屈服强度标准值的比值不应大于 1.3，且钢筋在最大拉力下的总伸长率实测值不应小于 9%。

2）《混凝土结构设计规范》GB 50010-2010（2015 版）第 11.2.3 条（强条）也有同样的要求。

11.2.3　按一、二、三级抗震等级的框架和斜撑构件，其纵向受力普通钢筋采用应符合下列要求：

1　钢筋的抗拉强度实测值与屈服强度实测值的比值不应小于 1.25；

2　钢筋的屈服强度实测值与屈服强度标准值的比值不应大于 1.3；

3　钢筋在最大拉力下的总伸长率实测值不应小于 9%。

3）《高层建筑混凝土结构设计规程》JGJ 3-2010 第 3.2.3 条（非强条）

3.2.3　高层建筑混凝土结构的受力钢筋及其性能应符合现行国家标准《混凝土结构

设计规范》GB 50010 的有关规定。按一、二、三级抗震等级的框架和斜撑构件，其纵向受力钢筋尚应符合下列要求：

1 钢筋的抗拉强度实测值与屈服强度实测值的比值不应小于 1.25；

2 钢筋的屈服强度实测值与屈服强度标准值的比值不应大于 1.3；

3 钢筋在最大拉力下的总伸长率实测值不应小于 9%。

【举例说明 2】 重复、交叉且矛盾之“钢筋代换要求不协调”

1)《建筑抗震设计规范》GB 50011-2010（2016 版）第 3.9.4 条（强条）

3.9.4 在施工中，当需要以强度等级较高的钢筋替代原设计中的纵向受力钢筋时，应按照钢筋受拉承载力设计值相等的原则换算，并应满足最小配筋率要求。

2)《混凝土结构设计规范》GB 50010-2010（2015 版）第 4.2.8 条（非强条）

4.2.8 当进行钢筋代换时，除应符合设计要求的构件承载力、最大力下的总伸长率、裂缝宽度验算以及抗震规定以外，尚应满足最小配筋率、钢筋间距、保护层厚度、钢筋锚固长度、接头面积百分率及搭接长度等构造要求；

(2) 强制性条文形成机制不能完全适应发展需要。强制性条文在不断充实的过程中，也存在强制性条文确定原则和方式、审查规则等方面不够完善的问题。由于强制性条文与非强制性条文界限不清，致使强制性条文的确定并不能完全遵循统一的、明确的、一贯的规则，也会造成强制性条文之间重复、交叉甚至矛盾。同时，由于标准制修订不同步和审查时限要求等因素，住房和城乡建设部强制性条文协调委员会有时也无法从总体上平衡，只能“被动”接受。这些都不能完全适应当前工程建设标准和经济社会发展的需求。

【举例说明 3】 重复、交叉且矛盾之“如对于框架柱箍筋加密要求”

1)《建筑抗震设计规范》GB 50011-2010（2016 版）第 6.3.7-2-3）条（强条）

框支柱和剪跨比不大于 2 的框架柱，箍筋间距不应大于 100mm。

2)《混凝土结构设计规范》GB 50010-2010（2015 版）第 11.4.12-3 条（强条）

框支柱和剪跨比不大于 2 的框架柱在柱全高范围内加密箍筋，且箍筋间距应符合本条第 2 款一级抗震等级的要求。

也就是说无论此时框架柱抗震等级是几级均应满足一级的要求，显然比《建筑抗震设计规范》要求的要严很多。

(2) 有些强制性条文规定过于具体，但又不具有通用性。

【举例说明 4】 规范提出混凝土结构应进行结构整体稳定分析计算问题

《高层建筑混凝土结构技术规程》JGJ 3-2021 给出第 5.4.4 条（强条）

5.4.4 高层建筑结构的整体稳定性应符合下列规定：

1 剪力墙结构、框架-剪力墙结构、筒体结构应符合下式要求：

$$EJ_d \geqslant 1.4H^2 \sum_{i=1}^{n} G_i \tag{5.4.4-1}$$

2 框架结构应符合下式要求：

$$D_i \geqslant 10 \sum_{j=i}^{n} G_j / h_i \quad (i=1, 2, \cdots, n) \tag{5.4.4-2}$$

但第 5.4.4 条仅对竖向规则的房屋建筑，是近似公式，并不完全适合所有建筑结构，因此并不适合进入强制规范。

基于此，本次《混凝土结构通用规范》GB 55008-2021 第 4.3.5 条只给出原则要求，不再给出具体计算公式要求。具体如下：

4.3.5 混凝土结构应进行结构整体稳定分析计算和抗倾覆验算，并应满足工程需要的安全性要求。

（3）有些条款规定过于笼统，实际无法执行。

（4）以功能和性能要求为基础的全文强制标准的有效有序实施存在困难。住房和城乡建设部已陆续编制、发布一些以功能和性能要求为基础的全文强制标准，这为构建工程建设技术法规体系奠定了良好的基础。但由于未能在制度层面界定全文强制标准、强制性条文和非强制性条文的地位和关联关系，致使全文强制标准的实施和监督可能缺乏明确的技术依据和方法手段。这个问题在部分强制性条文中也同样存在。

总体来说，强制性条文的这些不足是由其形成机制造成的。这些问题的解决，有待于在标准化实践中进一步反映需求，有待于社会各界进一步凝聚共识，有待于工程建设标准体制进一步改革。

2. 原规范强制性条文实际执行情况

由于以前强制性条文散布于各本技术标准中，系统性不够强，且存在不少的重复、交叉甚至矛盾之处，往往由于对各规范熟悉程度有限，设计师在结构设计中无意间违反“强条”的现象较为普遍。

近几年，北京、上海施工图审查时，发现的违反强条情况如下：

（1）北京市。2017 年，北京市参与新建工程施工图设计的单位共有 171 家。其中超过 5 万 m^2 的有 96 家，每万平方米违反强条数的前 10 名设计单位项目相关信息见表 1-0-1。

2017 年违反强条数前 10 名设计单位统计 **表 1-0-1**

序号	设计单位	资质	项目数	总建筑面积（万 m^2）	单体数	违反强条数	每万平方米违反强条数
1	A	乙级	5	53204.58	9	12	2.2554
2	B	甲级	5	65195.26	8	12	1.8406
3	C	甲级	3	57779.73	8	10	1.7307
4	D	甲级	6	76661.06	17	12	1.5653
5	E	甲级	7	307744.20	42	45	1.4623
6	F	甲级	6	99427.17	13	14	1.4081
7	G	甲级	1	160748.63	13	22	1.3686
8	H	甲级	3	96558.58	11	13	1.3463
9	I	甲级	4	63308.62	5	8	1.2637
10	J	甲级	4	279450.42	148	29	1.0378

2017 年各专业查出并纠正违反强制性标准共 1429 条（表 1-0-2），其中建筑 558 条，结构 219 条，电气 191 条，给水排水 192 条，暖通 269 条。建筑专业违反强条数比较多，占比基本与往年持平。

2017 年违反强条情况统计 **表 1-0-2**

专业	违反强条		违反一般性条文		违反政府规范性文件		违反深度	
	数量	平均每万平方米数量	数量	平均每万平方米数量	数量	平均每万平方米数量	数量	平均每万平方米数量
建筑	558	0.16	10821	3.14	823	0.24	3588	1.04
结构	219	0.06	11381	3.30	153	0.04	1962	0.57
电气	191	0.06	9606	2.79	513	0.15	2566	0.74
给水排水	192	0.06	6125	1.78	543	0.16	2671	0.78
暖通	269	0.08	5982	1.74	666	0.19	2501	0.73
合计	1429	0.42	43915	12.75	2698	0.78	13288	3.86

2018 年，北京市结构专业有所进步，强条违反数由 2017 年的 219 条下降到 8 条，但建筑专业急剧上升，由 2017 年 558 上升为 1359 条，见表 1-0-3。

2018 年违反强条情况统计 **表 1-0-3**

专业	违反强条		违反一般性条文		违反政府规范性文件		违反深度	
	数量	平均每万平方米数量	数量	平均每万平方米数量	数量	平均每万平方米数量	数量	平均每万平方米数量
建筑	1359	1.4918	8819	9.6806	1309	1.4369	6044	6.6345
结构	8	0.0088	838	0.9199	20	0.0220	213	0.2338
电气	348	0.3820	11913	13.0768	372	0.4083	2407	2.6422
给水排水	134	0.1471	5532	6.0724	222	0.2437	3986	4.3754
暖通	212	0.2327	5743	6.3041	738	0.8101	2192	2.4061
合计	2061	2.2623	32848	36.0571	2661	2.9210	14843	16.2931

（2）上海市。2018 年，上海市第三季度检查情况如下：质量问题按照法律法规、强制性条文、深度要求、标准规范、规范性文件、管理性文件和其他七大类别统计，如图 1-0-1 所示；第三季度与第二季度问题数量对比如图 1-0-2 所示；质量问题按照违反类别统计结果如图 1-0-3 所示；按专业统计结果如图 1-0-4 所示；第三季度与第二季度各个专业质量问题变化对比情况如图 1-0-5 所示。

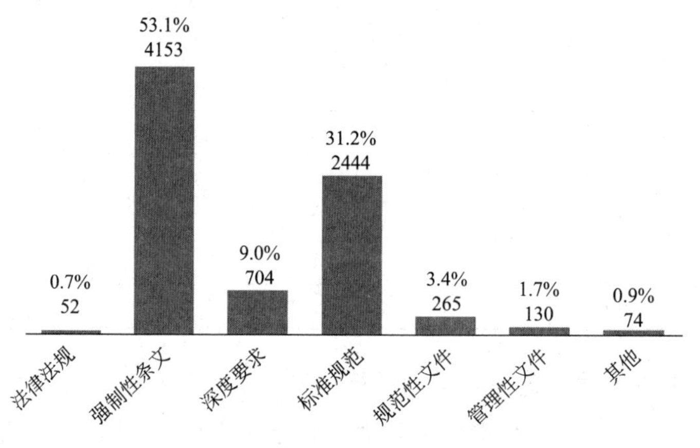

图 1-0-1 七大类别质量统计情况

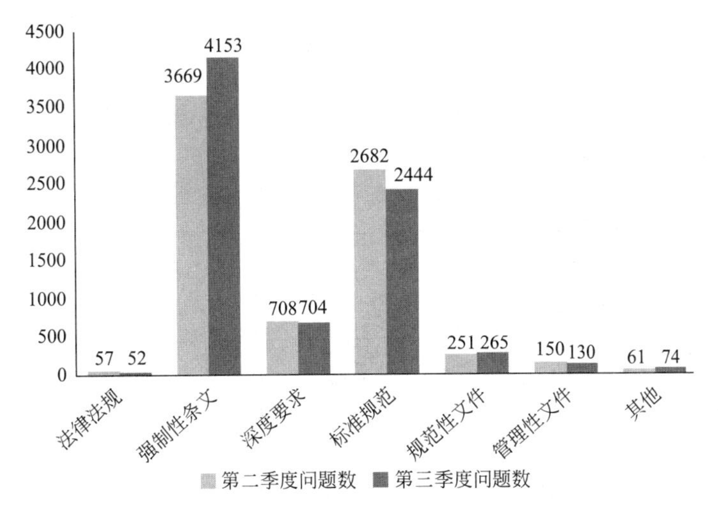

图 1-0-2 第三季度与第二季度问题数对比

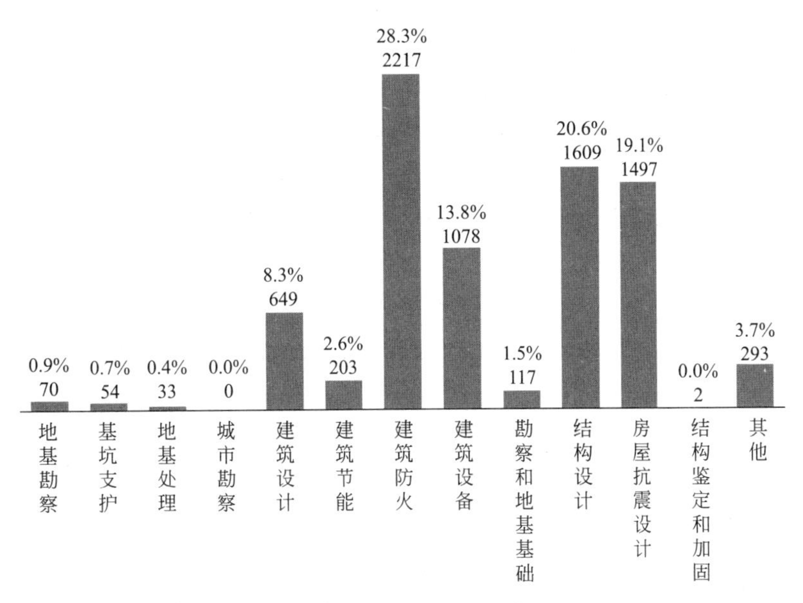

图 1-0-3 质量问题按照违反类别统计结果

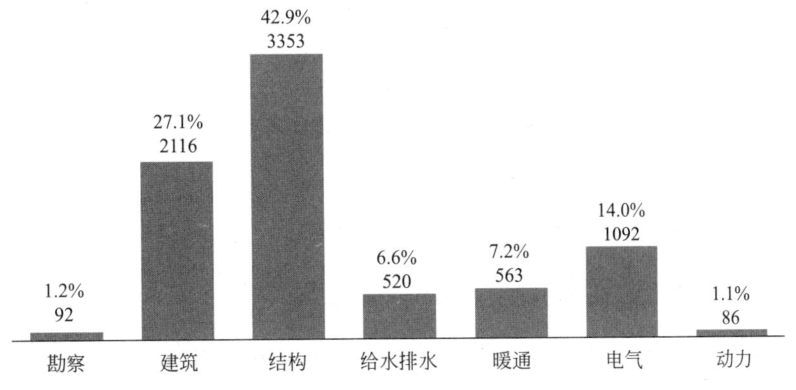

图 1-0-4 质量问题按专业统计结果

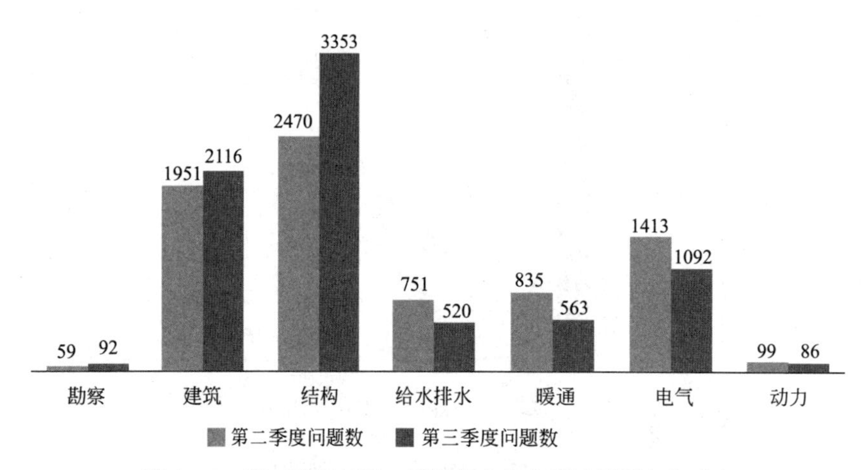

图 1-0-5 第三季度与第二季度各个专业质量问题变化对比

从以上两个中心大城市的审查情况看，工程违反强制性条文还是比较普遍的现象。既然是强制性条文，违反必究。提醒各位设计师强制性条文绝对是不能违反的。我国强制性条文比较多，且有些条文非常概念，稍不注意执行起来就会出现偏差或疏忽。

另外据 2019 年《中国建设报》的消息：2019 年仅第三季度，全国实施施工图设计文件审查的工程共计 100272 项。其中，初次审查合格项目 39671 项，初次审查合格率为 39.56%。共审查出违反工程建设标准强制性条文 24534 条次，平均每百个项目违反 24 条次（图 1-0-6）。情况不容乐观。

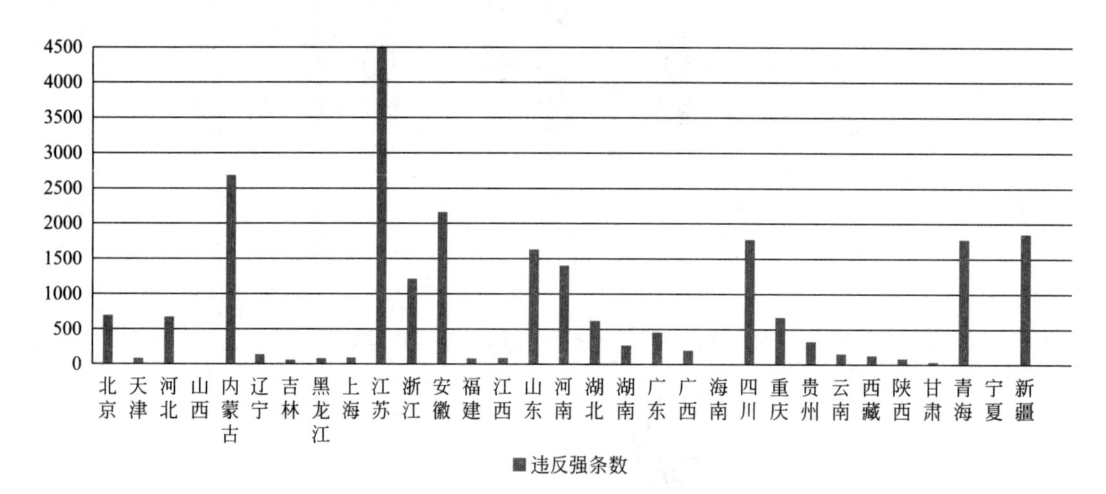

图 1-0-6 各地施工图设计文件违反强制性条文数

近日住房和城乡建设部发布了系列工程通用规范，今后违反就是违法行为。提请各位设计师认真阅读，切记强制性条文绝对是不能违反的。

3. 全文强制性规范编制的目的和意义

工程建设标准是为在工程建设领域获得最佳秩序，对建设工程的勘察、规划、设计、施工、安装、验收、运营维护及管理等活动和结果需要协调统一的事项所制定的公共的、重复使用的技术依据和准则，其在保障建设工程质量安全、保障人身安全和人体健康以及在社会公共利益方面一直发挥着重要作用，特别是工程建设强制性标准，为建设工程实施安全防范措施、消除安全隐患提供了统一的技术要求，以保证在现有的技术、管理条件下尽可能地保障建设工程质量安全，从而最大限度地保障建设工程的建造者、所有者、使用者和有关人员的人身安全、财产安全以及人体健康。工程建设强制性标准是经济社会运行的底线要求。

为贯彻中央全面深化改革的决定，加快推进简政放权，放管结合，优化服务，转变政府职能，在工程建设标准化领域，建立完善具有中国特色的工程建设强制性标准体系，理顺全文强制标准、强制性条文、工程建设标准和现行法律法规的关系，使强制性标准与法律法规以及相关技术支撑文件紧密结合、配套实施，为政府进行市场监管提供有力保障，确保工程质量安全，进一步推动工程建设标准体制改革。

4. 全文强制性规范的编制背景

近年来，为了适应工程建设的需要，工程建设标准的数量不断增加，强制性标准（强制性条文）也随之增加，由于强制性条文散布于各本技术规范、标准之中，系统性不够、逻辑性不强；加之，强制性条文形成机制不能完全适应发展需要，强制性条文在不断充实的过程中，也存在强制性条文确定原则和方式、审查规则等方面不够完善的问题。由于强制性条文和非强制性条文界限不清，致使强制性条文的确定并不能完全遵循统一的、明确的、一贯的规则，从而造成强制性条文间重复、交叉甚至矛盾的问题日渐凸显。

为探索开展标准体系改革，整合、优化强制性标准，研究建立城建、建工强制性标准体系框架，部署开展相关标准编制研究工作，逐步取消现行规范、规程、标准中分散的强制性条文，提高工程建设强制性标准的科学性、协调性和可操作性，将强制性标准系统化、体系化是适应工程建设发展的必然要求，是深化工程建设标准体制改革的重要任务。

2015 年 11 月，住房和城乡建设部《关于印发〈2016 年工程建设标准规范修订计划〉的通知》（建标函［2015］274 号），工程建设强制性（全文）国家标准正式启动。

5. 强制性条文的属性

全文强制性标准与强制性条文一样，具有标准的一般属性和构成要素，同时具有现实的强制性。强制性是强制性条文最重要的属性。

《中华人民共和国建筑法》规定了建筑活动应遵守有关标准规定，《建设工程质量管理条例》规定了必须严格执行工程建设强制性标准。

法律、行政法规和部门规章的引用和对强制性标准的逐次界定，使得强制性条文有了强制执行的属性。换句话说，强制性标准是由法律、行政法规、部门规章联合赋予的。法律、行政法规规定应执行强制性标准，部门规章进一步明确强制性标准即强制性条文。

6. 全文强制性规范的特点

（1）第一个重要特点就是与现行强制性标准的兼容性。由于全文强制性标准的目标是取代现行标准中分散的强制性条文，因此研编工作的首要环节，就是收集整理与本规范相关的现行标准中的强制性条文。整理归并交叉重复的条文，仔细甄别存在矛盾的条文，然后纳入通用规范。

【举例说明 5】 关于风荷载比较敏感的建筑问题

1)《建筑结构荷载规范》GB 50009-2012 第 8.1.2 条（强条）

8.1.2 基本风压应采用按本规范规定的方法确定的 50 年一遇重现期的风压，但不得小于 0.3kN/m^2。对于高层建筑、高耸结构以及对风荷载比较敏感的其他结构，基本风压的取值应适当提高。

特别注意这里用词“适当提高”没有给出具体提高多少，显然作为强条不合适。

2)《高层建筑混凝土结构技术规程》JGJ 3-2010 第 4.2.2 条（强条）

4.2.2 基本风压应按照现行国家标准《建筑结构荷载规范》GB 50009 的规定采用。对风荷载敏感的高层建筑，承载力设计时应按基本风压的 1.1 倍采用。

3)《高层民用建筑钢结构技术规程》JGJ 99-2015 第 5.2.4 条（强条）

5.2.4 基本风压应按照现行国家标准《建筑结构荷载规范》GB 50009 的规定采用。对风荷载敏感的高层建筑，承载力设计时应按基本风压的 1.1 倍采用。

注：在《混凝土结构通用规范》GB 55008-2021 中明确《高层建筑混凝土结构技术规程》4.2.2 废止强条及《钢结构通用规范》GB 55006-2021 中明确《高层民用建筑钢结构技术规程》5.2.4 废止强条。

4）通过协调，整合为《工程结构通用规范》GB 55001-2021 第 4.6.2 条

4.6.2 基本风压应根据基本风速值进行计算，且最低不得低于 0.30kN/m^2。基本风速应通过将标准地面粗糙度条件下观测得到的历年最大风速记录，统一换算为离地 10m 高、10min 平均年最大风速之后，采用适当的概率分布模型，按 50 年重现期计算得到。

但笔者认为这样不尽合理，对风荷载敏感的结构在承载力计算时应按基本风压的 1.1 倍采用。

（2）第二个重要特点是系统性。全文强制性标准并非现有强制性条文的简单汇总，规范本身要体系完整、逻辑自洽，这是全文强制性标准研编工作面临的巨大挑战。为了保证体系的完整性，现行规范中有较多非强条部分。这些条文一般是指导性较强的技术条文，直接纳入强制性标准并不妥当。因此，不同规范的研编组采用了不同的途径来解决这一难题。

（3）第三个重要特点是国际性。借鉴国外（主要是欧美英日）的经验，增强规范国际化程度，便于国际交流，更有利于“一带一路”倡议实施。

7. 结构强制性通用规范条文所包括的内容

（1）设计原则

设计原则包括结构的安全等级、设计工作年限、使用条件、荷载的确定、不同受力工况的选择、设计分项系数的确定等。从保证结构的安全而言，这部分内容十分重要。

（2）材料强度

用以承载受力的结构，其抗力很大程度上取决于材料的强度。材料强度有标准值和设

计值两类，分别用于不同工况下结构抗力的计算。强度标准值具有 95%保证率的概率意义；而强度设计值则是为了在承载力设计时保证可靠度，对标准值除以材料分项系数所得的数值。设计和审核时应特别注意设计文件中材料强度取值是否正确，因为近期有些规范修订时对材料强度数值作了一些调整，故必须加以核实。

【举例说明 6】《混凝土结构设计规范》GB 50010-2010 版与 2015 版就对 HRB500 级钢筋的抗压强度设计值进行了调整，由 $410N/mm^2$ 调整为 $435N/mm^2$。

（3）设计计算

所有设计规范的计算都是基于基本公式在不同结构形式、不同受力工况下的具体体现。作为强制性条文，这是结构安全的定量保证。设计和审查时应特别注意这些计算的前提条件。除计算程序的力学模型、计算假定和程序编制可能出错外，如果不深入了解计算公式的含义和背景，以及适用的条件和范围，生搬硬套地乱用，就可能出错。因此，设计计算应该作为实施和审查的重点。

（4）构造措施

结构的安全往往并不完全取决于计算和验算，构造措施在保证安全和使用功能方面往往起到计算难以达到的重要作用。构造措施通常来自概念设计、试验研究、工程经验，甚至是事故的教训。在设计中不应只重视计算而轻视构造问题。凡列举出有关构造措施的强制性条文，必须严格遵守。

（5）特殊要求

土木工程结构体系多样，边界条件更为复杂，影响其安全的因素也很多。有时根据结构或构件的具体情况，往往还会提出一些特殊的要求。例如混凝土结构中的钢筋锚固问题；钢结构中的螺栓、焊缝；砌体中的圈梁、构造柱；木结构中的防腐、防火；围护结构中的密封问题等。由于涉及安全和基本功能，故也必须强制执行。设计和审核时也不能掉以轻心。

8. 今后我国建筑工程标准体系

依据中华人民共和国第十二届全国人民代表大会常务委员会第三十次会议于 2017 年 11 月 4 日修订通过的《中华人民共和国标准化法》第二条……标准包含国家标准、行业标准、地方标准和团体标准、企业标准。国家标准分为强制性标准、推荐性标准，行业标准、地方标准是推荐性标准。强制性标准必须执行，国家鼓励采用推荐性标准。

2015 年 3 月，国务院印发《深化标准化工作改革方案》，明确提出借鉴发达国家标准化管理的先进经验和做法，结合我国发展实际，建立和完善具有中国特色的标准体系和标准化管理体制，并提出六项措施：①把政府单一供给的现行标准体系，转变为由政府主导制定的标准和市场自主制定的标准共同构成的新型标准体系；②整合精简强制性标准；③优化完善推荐性标准；④培育发展团体标准；⑤放开搞活企业标准；⑥提高标准国际化水平。

改革意见中指出，工程建设标准化改革工作要实现的总体目标是：到 2020 年“适应标准改革发展的管理制度基本建立，重要的强制性标准发布实施”；到 2025 年“以强制性标准为核心、推荐性标准和团体标准相配套的标准体系初步建立”。

为实现这一总体目标，要“加快制定全文强制性标准，逐步用全文强制性标准取代现行标准中分散的强制性条文”。现行标准体系的强制性标准，其实是含有部分强制性条文（黑体字）的标准，一般都不是全文强制的，因此条文较为分散，而且引用强制性条文的情况较多，带来诸多问题。

而标准化改革力图构建的新体系，是要将工程建设领域的强制性要求全部纳入全文强制的国家标准中，新制定标准原则上不再设置强制性条文。新体系下，政府主导的标准侧重于保基本，市场自主制定的标准侧重于提高竞争力。我国标准体系变化对比如图 1-0-7 所示。

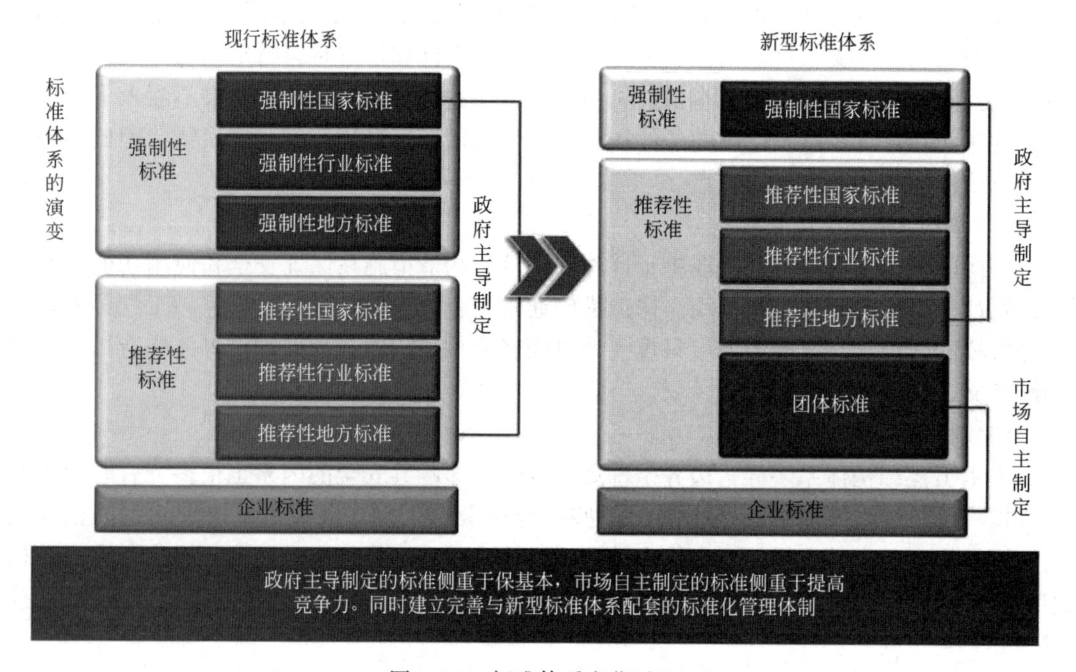

图 1-0-7　标准体系变化对比

按照标准化改革工作意见，强制性标准项目名称统称为“技术规范”。所以，一些原来称为“规范”的标准，在最新发布时就更名为了“标准”。如原《钢结构设计规范》在 2017 年发布时就更名为《钢结构设计标准》。

技术规范分为工程项目类和通用技术类，如图 1-0-8 所示，以项目规范为主，以通用

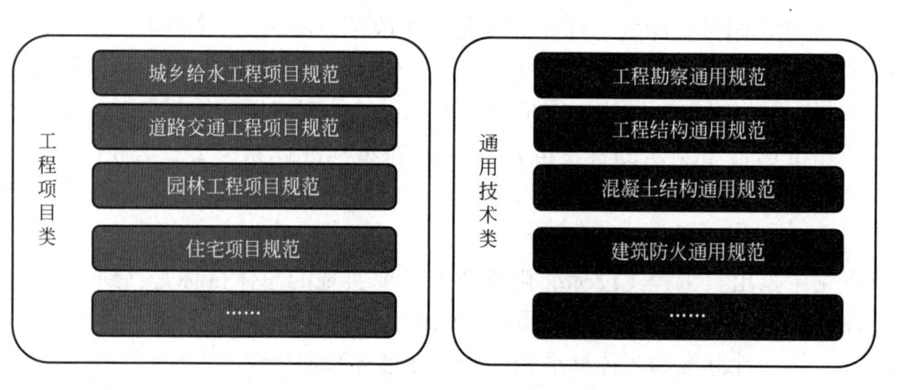

图 1-0-8　今后的强制性规范框架

规范为技术支撑。工程项目类规范，是以工程项目为对象，以总量规模、规划布局，以及项目功能、性能和关键技术措施为主要内容的强制性标准。而通用技术类规范，是以技术专业为对象，以规划、勘察、测量、设计、施工等通用技术要求为主要内容的强制性标准。本次发布的40项规范，包含了13项工程项目规范和27项通用技术规范。2021年已经发布了22项，其他还会陆续发布。

特别要注意，制定这些标准必须依据《中华人民共和国标准化法》的相关规定，如以下规定：

第十五条 制定强制性标准、推荐性标准，应当在立项时对有关行政主管部门、企业、社会团体、消费者和教育、科研机构等方面的实际需求进行调查，对制定标准的必要性、可行性进行论证评估；在制定过程中，应当按照便捷有效的原则采取多种方式征求意见，组织对标准相关事项进行调查分析、实验、论证，并做到有关标准之间的协调配套。

第十六条 制定推荐性标准，应当组织由相关方组成的标准化技术委员会，承担标准的起草、技术审查工作。制定强制性标准，可以委托相关标准化技术委员会承担标准的起草、技术审查工作。未组成标准化技术委员会的，应当成立专家组承担相关标准的起草、技术审查工作。标准化技术委员会和专家组的组成应当具有广泛代表性。

第十七条 强制性标准文本应当免费向社会公开。国家推动免费向社会公开推荐性标准文本。

第十八条 国家鼓励学会、协会、商会、联合会、产业技术联盟等社会团体协调相关市场主体共同制定满足市场和创新需要的团体标准，由本团体成员约定采用或者按照本团体的规定供社会自愿采用。制定团体标准，应当遵循开放、透明、公平的原则，保证各参与主体获取相关信息，反映各参与主体的共同需求，并应当组织对标准相关事项进行调查分析、实验、论证。国务院标准化行政主管部门会同国务院有关行政主管部门对团体标准的制定进行规范、引导和监督。

第十九条 企业可以根据需要自行制定企业标准，或者与其他企业联合制定企业标准。

第二十条 国家支持在重要行业、战略性新兴产业、关键共性技术等领域利用自主创新技术制定团体标准、企业标准。

第二十一条 推荐性国家标准、行业标准、地方标准、团体标准、企业标准的技术要求不得低于强制性国家标准的相关技术要求。国家鼓励社会团体、企业制定高于推荐性标准相关技术要求的团体标准、企业标准。

9. 新技术、新工艺、新材料的应用

规范、标准是以实践经验的总结和科学技术的发展为基础的，它不是某项科学技术研究成果，也不是单纯的实践经验总结，而必须是体现两者有机结合的综合成果。实践经验需要科学地归纳、分析、提炼，才能具有普遍的指导意义；科学技术研究成果必须通过实践检验才能确认其客观实际的可靠程度。因此，任何一项新技术、新工艺、新材料要纳入到标准、规范中，必须具备：①通过技术鉴定；②通过一定范围内的试行；③按照规范、标准的制定程序提炼加工。

标准与科学技术发展密切相连。标准应当与科学技术发展同步，适时将科学技术纳入到规范、标准中去。科技进步是提高规范、标准制定质量的关键环节。反过来，如果新技术、新工艺、新材料得不到推广，就难以获取实践的检验，也不能验证其正确性，纳入规范、标准中也会不可靠。为此，给出适当的条件允许其发展，是建立标准与科学技术桥梁的重要机制。

规范的强制是技术内容法制化的体现，但是并不排斥新技术、新材料、新工艺的应用，更不是桎梏技术人员创造性的发挥。按照《实施工程建设强制性标准监督规定》（建设部令第 81 号）第五条："工程建设中拟采用的新技术、新工艺、新材料，不符合现行强制性标准规定的，应当由拟采用单位提请建设单位组织专题技术论证，报批准标准的建设行政主管部门或者国务院有关主管部门审定。"

不符合现行强制性标准规定的与现行强制性标准未作规定的，这两者的情况是不一样的。对于新技术、新工艺、新材料不符合现行强制性标准规定的，是指现行强制性标准（强制性条文）中已经有明确的规定或者限制，而新技术、新工艺、新材料达不到这些要求或者超过其限制条件。这时，应当由拟采用单位提请建设单位组织专题技术论证，并按规定报送有关主管部门审定。如果新技术、新工艺、新材料的应用在现行强制性标准中未作规定，则不受《实施工程建设强制性标准监督规定》（建设部令第 81 号）的约束。

需要说明的是，建设部在 2002 年颁布的第 111 号部令《超限高层建筑工程抗震设防管理规定》中提出，超限高层建筑工程是指超出现行有关技术标准所规定的适用高度或体型规则性要求的高层建筑工程，也就是指超出有关抗震方面强制性标准规定的，应当按照第 111 号令执行。对于强制性标准明确作出规定而不符合时，应当按照《实施工程建设强制性标准监督规定》（建设部令第 81 号）执行。

10. 强制性规范与国际标准和国外标准的关系

积极采用国际标准和国外先进标准是我国标准化工作的原则之一。国际标准是指国际标准化组织 ISO 和国际电工委员会 IEC 所制定的标准，以及 ISO 确认并公布的其他国际组织制定的标准。

国外标准是指未经 ISO 确认并公布的其他国际组织的标准、发达国家的国家标准、区域性组织的标准、国际上有权威的团体和企业（公司）组织的标准。

由于国际标准和国外标准制定的条件不尽相同，在我国实施此类标准时，如果工程中所采用的国际标准和国外标准规定的内容不涉及强制性标准的内容，一般在双方约定或者合同中采用即可，如果涉及强制性标准的内容，即与安全、卫生、环境保护和公共利益有关，此时在执行标准上涉及国家主权的完整问题，因此，应纳入标准实施的监督范畴。工程建设中采用国际标准或者国外标准，现行强制性标准未作规定的，建设单位应当向国务院建设行政主管部门或者国务院有关行政主管部门备案。

11. 强制性条文实施与监督

标准化工作的任务是制定标准、组织实施标准和对标准的实施进行监督。制定标准是标准化工作的前提，实施标准是标准化工作的目的，对标准的实施进行监督是标准化工作的手段。加强工程建设标准（尤其是强制性条文）的实施与监督，使工程建设各阶段各环节正确理解、准确执行工程建设标准（尤其是强制性条文），是工程建设标准化工作的重要任务。

《中华人民共和国标准化法》规定，强制性标准必须执行。《建设工程质量管理条例》《实施工程建设强制性标准监督规定》等行政法规、部门规章从不同角度对实施工程建设标准和对标准实施进行监督作了或原则或具体的规定。

由于强制性条文依附于各本工程建设标准，强制性条文不是工程建设活动的唯一技术依据，实施强制性条文也不是保证工程质量安全的充分条件。现行强制性标准中没有列为强制性条文的内容，是非强制监督执行的内容。但是，如果因为没有执行这些技术规定而造成了工程质量安全方面的隐患或事故，同样应追究责任。也就是说，只要违反强制性条文就要追究责任并实施处罚；违反强制性标准中非强制性条文的规定，只有造成工程质量安全方面的隐患或事故才会追究责任。

相关法律、法规及规章的规定：

(1)《中华人民共和国标准化法》《标准化法实施条例》。《中华人民共和国标准化法》《标准化法实施条例》对标准的实施与监督都作出了明确规定。

1）强制性标准实施

强制性标准，必须执行。不符合强制性标准的产品，禁止生产、销售和进口。

2）实施监督部门及其职责

国务院标准化行政主管部门统一负责全国标准实施的监督。国务院有关行政主管部门分工负责本部门、本行业的标准实施的监督。省、自治区、直辖市标准化行政主管部门统一负责本行政区域内的标准实施的监督。省、自治区、直辖市人民政府有关行政主管部门分工负责本行政区域内本部门、本行业的标准实施的监督。市、县标准化行政主管部门和有关行政主管部门，按照省、自治区、直辖市人民政府规定的各自的职责负责本行政区域内的标准实施的监督。

(2)《中华人民共和国建筑法》

《中华人民共和国建筑法》第三条规定：建筑活动应当确保建筑工程质量和安全，符合国家的建设工程安全标准。该法分别对建设单位、勘察单位、设计单位、施工企业和工程监理单位实施标准的责任，以及对主管部门的监管责任作了具体规定。

1）建设单位

建设单位不得以任何理由，要求建筑设计单位或者建筑施工企业在工程设计或者施工作业中，违反法律、行政法规和建筑工程质量、安全标准，降低工程质量。建筑设计单位和建筑施工企业对建设单位违反前款规定提出的降低工程质量的要求，应当予以拒绝。建设单位违反本法规定，要求建筑设计单位或者建筑施工企业违反建筑工程质量、安全标准，降低工程质量的，责令改正，可以处以罚款；构成犯罪的，依法追究刑事责任。

2）勘察、设计单位

建筑工程设计应当符合按照国家规定制定的建筑安全规程和技术规范，保证工程的安全性能。建筑工程的勘察、设计单位必须对其勘察、设计的质量负责。勘察、设计文件应当符合有关法律、行政法规的规定和建筑工程质量、安全标准、建筑工程勘察、设计技术规范以及合同的约定。设计文件选用的建筑材料、建筑构配件和设备，应当注明其规格、型号、性能等技术指标，其质量要求必须符合国家规定的标准。建筑设计单位不按照建筑工程质量、安全标准进行设计的，责令改正，处以罚款；造成工程质量事故的，责令停业整顿，降低资质等级或者吊销资质证书，没收违法所得，并处罚款；造成损失的，承担赔偿责任；构成犯罪的，依法追究刑事责任。

3）施工单位

建筑施工企业和作业人员在施工过程中，应当遵守有关安全生产的法律、法规和建筑行业安全规章、规程，不得违章指挥或者违章作业。建筑施工企业对工程的施工质量负责。

建筑施工企业对工程的施工质量负责。建筑施工企业必须按照工程设计图纸和施工技术标准施工，不得偷工减料。交付竣工验收的建筑工程，必须符合规定的建筑工程质量标准，有完整的工程技术经济资料和经签署的工程保修书，并具备国家规定的其他竣工条件。建筑施工企业在施工中偷工减料的，使用不合格的建筑材料、建筑构配件和设备的，或者有其他不按照工程设计图纸或者施工技术标准施工的行为的，责令改正，处以罚款；情节严重的，责令停业整顿，降低资质等级或者吊销资质证书；造成建筑工程质量不符合规定的质量标准的，负责返工、修理，并赔偿因此造成的损失；构成犯罪的，依法追究刑事责任。

4）监理单位

建筑工程监理应当依照法律、行政法规及有关的技术标准、设计文件和建筑工程承包合同，对承包单位在施工质量、建设工期和建设资金使用等方面，代表建设单位实施监督。工程监理人员认为工程施工不符合工程设计要求、施工技术标准和合同约定的，有权要求建筑施工企业改正。工程监理人员发现工程设计不符合建筑工程质量标准或者合同约定的质量要求的，应当报告建设单位要求设计单位改正。

5）主管部门

国务院建设行政主管部门对全国的建筑活动实施统一监督管理。

（3）《建设工程质量管理条例》

《建设工程质量管理条例》第三条规定，建设单位、勘察单位、设计单位、施工单位工程监理单位依法对建设工程质量负责。《建设工程质量管理条例》对标准实施与监督的规定，是按照不同的责任主体作出的。

1）建设单位

建设单位不得明示或者暗示设计单位或者施工单位违反工程建设强制性标准，降低建设工程质量。违反本条例规定，建设单位有下列行为之一的，责令改正，处20万元以上50万元以下的罚款：……（三）明示或者暗示设计单位或者施工单位违反工程建设强制性标准，降低工程质量的。

2）勘察、设计单位

勘察、设计单位必须按照工程建设强制性标准进行勘察、设计，并对其勘察、设计的质量负责。设计单位在设计文件中选用的建筑材料、建筑构配件和设备，应当注明规格、型号、性能等技术指标，其质量要求必须符合国家规定的标准。违反本条例规定，有下列行为之一的，责令改正，处10万元以上30万元以下的罚款：（一）勘察单位未按照工程建设强制性标准进行勘察的……（四）设计单位未按照工程建设强制性标准进行设计的。

有前款所列行为，造成重大工程质量事故的，责令停业整顿，降低资质等级；情节严重的，吊销资质证书；造成损失的，依法承担赔偿责任。

3）施工单位

施工单位必须按照工程设计图纸和施工技术标准施工，不得擅自修改工程设计，不得偷工减料。施工单位必须按照工程设计要求、施工技术标准和合同约定，对建筑材料、建筑构配件、设备和商品混凝土进行检验。检验应当有书面记录和专人签字；未经检验或者检验不合格的不得使用。

违反本条例规定，施工单位在施工中偷工减料的，使用不合格的建筑材料、建筑构配件和设备的，或者有不按照工程设计图纸或者施工技术标准施工的其他行为的，责令改正，处工程合同价款2%以上4%以下的罚款；造成建设工程质量不符合规定的质量标准的，负责返工、修理，并赔偿因此造成的损失；情节严重的，责令停业整顿，降低资质等级或者吊销资质证书。

4）工程监理单位

工程监理单位应当依照法律、法规以及有关技术标准、设计文件和建设工程承包合同，代表建设单位对施工质量实施监理，并对施工质量承担监理责任。

监理工程师应当按照工程监理规范的要求，采取旁站、巡视和平行检验等形式，对建设工程实施监理。

5）主管部门

国务院建设行政主管部门和国务院铁路、交通、水利等有关部门应当加强对有关建设工程质量的法律、法规和强制性标准执行情况的监督检查。县级以上地方人民政府建设行政主管部门和其他有关部门应当加强对有关建设工程质量的法律、法规和强制性标准执行情况的监督检查。

(4)《实施工程建设强制性标准监督规定》

《实施工程建设强制性标准监督规定》进一步完善了工程建设标准化法律规范体系，并奠定了强制性条文的法律基础。《实施工程建设强制性标准监督规定》指出：

在中华人民共和国境内从事新建、扩建、改建等工程建设活动，必须执行工程建设强制性标准；本规定所称工程建设强制性标准是指直接涉及工程质量、安全、卫生及环境保护等方面的工程建设标准强制性条文。

《实施工程建设强制性标准监督规定》对工程建设强制性标准的实施监督作了全面的规定，其主要内容包括：

1）监管部门及职责

国务院建设行政主管部门负责全国实施工程建设强制性标准的监督管理工作。国务院有关行政主管部门按照国务院的职能分工负责实施工程建设强制性标准的监督管理工作。

县级以上地方人民政府建设行政主管部门负责本行政区域内实施工程建设强制性标准的监督管理工作。

2）监督机构及职责

建设项目规划审查机关应当对工程建设规划阶段执行强制性标准的情况实施监督。施工图设计文件审查单位应当对工程建设勘察、设计阶段执行强制性标准的情况实施监督。建筑安全监督管理机构应当对工程建设施工阶段执行施工安全强制性标准的情况实施监督。工程质量监督机构应当对工程建设施工、监理、验收等阶段执行强制性标准的情况实施监督。

工程建设标准批准部门应当定期对建设项目规划审查机关、施工图设计文件审查单位、建筑安全监督管理机构、工程质量监督机构实施强制性标准的监督进行检查，对监督不力的单位和个人，给予通报批评，建议有关部门处理。工程建设标准批准部门应当对工程项目执行强制性标准情况进行监督检查。

3）监督检查方式

工程建设强制性标准实施监督检查可以采取重点检查、抽查和专项检查的方式。

4）监督检查内容

强制性标准监督检查的内容包括：

1）有关工程技术人员是否熟悉、掌握强制性标准；

2）工程项目的规划、勘察、设计、施工、验收等是否符合强制性标准的规定；

3）工程项目采用的材料、设备是否符合强制性标准的规定；

4）工程项目的安全、质量是否符合强制性标准的规定；

5）工程中采用的标准、导则、指南、手册、计算机软件的内容是否符合强制性标准的规定。

12. 违反强制性条文的处罚

《实施工程建设强制性标准监督规定》对参与工程建设活动各方责任主体违反强制性条文的处罚，以及对建设行政主管部门和有关人员玩忽职守等行为的处罚，作了具体的规定。这些规定与《建设工程质量管理条例》是一致的。

（1）检举、控告和投诉

任何单位和个人对违反工程建设强制性标准的行为有权向建设行政主管部门或者有关部门检举、控告、投诉。

（2）建设单位

建设单位有下列行为之一的，责令改正，并处以20万元以上50万元以下的罚款：

（一）明示或者暗示施工单位使用不合格的建筑材料、建筑构配件和设备；

（二）明示或暗示设计单位或施工单位违反建设工程强制性标准，降低工程质量的。

（3）勘察、设计单位

勘察、设计单位违反工程建设强制性标准进行勘察、设计的，责令改正，并处以10万元以上30万元以下的罚款。

有前款行为，造成工程质量事故的，责令停业整顿，降低资质等级；情节严重的，吊销资质证书；造成损失的，依法承担赔偿责任。

【举例说明7】 2019年某设计单位被查出违反强条受到处罚

2019年9月17日至19日，住房和城乡建设部建筑市场和工程质量安全监督执法检查组对兰州市建筑市场和工程质量安全工作开展检查，其中抽查了××公司设计的××项目，反馈“电梯机房屋面漏输电梯检修荷载，不满足《混凝土结构设计规范》GB 50010-2010第3.3.2条”，属于违反强条。兰州市住房和城乡建设局根据“国检”反馈问题，对该公司处以200000.00元（贰拾万元整）行政处罚，对项目负责人处以15000.00元（壹万伍仟元整）行政处罚，并对××公司进行全市通报批评。

（4）施工单位

施工单位违反工程建设强制性标准的，责令改正，处罚工程合同价款2%以上4%以下的罚款；造成建设工程质量不符合规定的质量标准的，负责返工、返修，并赔偿因此造成的损失；情节严重的，责令停业整顿，降低资质等级或者吊销资质证书。

（5）工程监理单位

工程监理单位违反工程建设强制性标准规定，将不合格的建设工程以及建筑材料、建筑构配件和设备按照合格签字的，责令改正，处50万元以上100万元以下的罚款，降低资质等级或者吊销资质证书；有违法所得的，予以没收；造成损失的，承担连带赔偿责任。

（6）事故责任单位和责任人

违反工程建设强制性标准造成工程质量、安全隐患或者工程事故的，按照《建设工程质量管理条例》有关规定，对事故责任单位和责任人进行处罚。

（7）建设行政主管部门和有关人员

建设行政主管部门和有关行政主管部门工作人员，玩忽职守、滥用职权、徇私舞弊的，给予行政处分；构成犯罪的，依法追究刑事责任。

特别注意：

判别结构设计是否违反强制性条文是个复杂的问题，不能仅仅看结构设计参数的选取是小于或大于规范约定（给定）的数值，还得分析当设计取值与规范给定值不一致时所造成的影响，尤其是对承载力极限状态和正常使用极限状态的直接影响。例如楼面活荷载设计取值小于规范表值，但设计时，梁、板、柱和基础等截面尺寸均存在不同程度的富余量，柱子轴压比也在规范限制之内，构件配筋时，人为放大了配筋量值，从而可以判定荷载取值的偏小不会影响结构安全，这时就不宜简单地以违反强制性条文来对待，而可以认为设计荷载取值不符合规范表值，或设计参数的取值不满足规范的要求。对设计来说，重要的是确保结构安全；规范约定要在经济合理的前提下防止或避免出现质量安全事故和影响使用，检查的目的应与之对应。

13.《强制性国家标准管理办法》解读与理解

为了加强强制性国家标准管理，规范强制性国家标准的制定、实施和监督，根据《中华人民共和国标准化法》，国家市场监督管理总局制定了《强制性国家标准管理办法》（以下简称“《办法》”）。《办法》已于2019年12月13日经国家市场监督管理总局2019年第16次局务会议审议通过，自2020年6月1日起施行，现对有关要点解读如下。

（1）为什么要制定本《办法》?

一是贯彻落实《中华人民共和国标准化法》的需要。新修订的《中华人民共和国标准化法》（以下简称“新《标准化法》”）于2018年1月1日起施行，对强制性国家标准的制定、实施和监督管理等方面都提出了新的要求，对国务院标准化行政主管部门、国务院有关行政主管部门等单位的工作职责进行了规定，并对强制性国家标准的范围、实施、复审等要求予以进一步明确。为了贯彻落实新《标准化法》要求，有必要制定《办法》。

二是完善标准化管理制度体系的需要。强制性国家标准是我国标准体系中的一个重要层级，但是现行标准化管理制度体系中，并没有专门针对强制性国家标准全面系统性的管理文件。原国家技术监督局1992年12月发布的《国家标准管理办法》，对强制性国家标准和推荐性国家标准的管理作了统一规定，但二者在标准属性、功能定位上都有所不同，特别是新《标准化法》发布后，已不再适应新的工作要求。为了完善标准化管理制度体系，构建强制性国家标准管理的体制机制，有必要制定《办法》。

三是实现与国际接轨的需要。我国于2001年正式成为世界贸易组织（WTO）成员，并提出强制性国家标准是技术法规在我国的主要体现形式之一。《技术性贸易壁垒协定》（WTO/TBT）关于技术法规制定、通报等都有非常明确和具体的要求。为了体现WTO/TBT的相关要求，与国际协议更好接轨，有必要制定《办法》。

(2) 如何确保社会各方有效参与强制性国家标准的制/修订工作?

为促进社会各方有效参与强制性国家标准制/修订工作，加强制/修订过程的公开性和透明度，《办法》在强制性国家标准的项目提出、立项、征求意见、对外通报、实施监督等阶段均提供了社会各方参与标准制/修订的途径或方式。这里的社会各方，包括了企业事业组织、社会团体、消费者组织、科研教育机构以及公民。比如，项目提出阶段，社会各方可以向国务院标准化行政主管部门提出强制性国家标准的立项建议，也可以向有关行政主管部门提出意见建议；立项阶段，社会各方可以在项目公示时提出有关意见建议等。

为贯彻落实最新颁布的《中华人民共和国外商投资法》及其实施条例，《办法》第五十二条规定，强制性国家标准对内资企业和外商投资企业平等适用；外商投资企业依法和内资企业平等参与强制性国家标准的制/修订工作。

(3) 为什么强制性国家标准取消条文强制、实行技术要求全部强制?

强制性国家标准取消条文强制、实行技术要求全部强制，是《办法》作出的重要改变。根据2000年原国家质量技术监督局发布的《关于强制性标准实行条文强制的若干规定》，过去存在很多条文强制的强制性国家标准，即标准文本中，仅有少部分技术要求是强制的，其他大部分技术要求都是推荐的。这样的标准往往针对单一产品制定，技术要求除了涉及健康、安全等底线要求，还包括不需要强制的一般性能或功能要求。这样造成了强制性标准数量众多、内容分散，不同标准之间指标不协调、不一致等问题。2016年国办印发的《强制性标准整合精简工作方案》要求将条文强制逐步整合为全文强制。新《标准化法》将强制性国家标准严格限定在保障人身健康和生命财产安全、国家安全、生态环境安全以及满足经济社会管理基本需要的技术要求。因此，只要强制性国家标准技术内容符合新《标准化法》所限定的范围，便应当全部强制，为此《办法》第十九条规定“强制性国家标准的技术要求应当全部强制……”。技术要求全部强制后，将改变过去一个产品制定一个强制性标准的做法，优先制定适用于跨行业跨领域产品、过程或服务的通用强制性国家标准。

(4) 为什么强制性国家标准前言中不再标注起草单位和起草人?

强制性国家标准前言中不再标注起草单位和起草人，是《办法》的一大改革。主要原因一是强制性国家标准参照技术法规，不适宜标注起草单位、起草人；二是最高法院曾有解释明确提出，强制性国家标准没有版权。对于此类公共产品，就像其他法律法规一样，不应标注起草单位和起草人；三是食品安全、环境保护等领域的强制性国家标准，多年来已经不再标注起草单位和起草人。同时，为保护各方参与标准化工作的积极性，《办法》第四十条规定，强制性国家标准发布后，起草单位和起草人信息可以通过全国标准信息公共服务平台查询。

注意：实际上本次的通用规范，均有起草人，但没有起草单位，且只放在起草说明中。

（5）为什么要设置以及如何设置强制性国家标准的过渡期？

强制性国家标准过渡期是指从标准发布到标准实施的时间段。之所以设置过渡期，既是为企业开展技术改造、顺利过渡到生产（或提供）满足新标准的产品（或服务）留出时间，也是为消化已经上市的产品留出时间。

由于不同产品（或服务）涉及的技术改造、成本投入、生产周期、销售周期等差别很大，无法对过渡期进行统一规定，《办法》第二十一条规定：

（六）对强制性国家标准自发布日期至实施日期之间的过渡期（以下简称过渡期）的建议及理由，包括实施强制性国家标准所需要的技术改造、成本投入、老旧产品退出市场时间等。

（6）强制性国家标准涉及专利和版权时如何处置？

为了保护专利权人的合法权益，避免引起法律纠纷，《办法》第五十一条规定：强制性国家标准涉及专利的，应当按照国家标准涉及专利的有关管理规定执行。根据2013年国家标准化管理委员会、国家知识产权局发布的《国家标准涉及专利的管理规定（暂行）》，强制性国家标准一般不涉及专利，确有必要涉及专利的，应当及时要求专利权人或者专利申请人作出专利实施许可声明。如果专利权人或者专利申请人拒绝作出公平、合理、无歧视条件下的专利实施许可声明，应当由国家标准化管理委员会、国家知识产权局及相关部门和专利权人或者专利申请人协商专利处置办法。

制定强制性国家标准采用国际标准的，可能会涉及相关国际标准化组织的版权。为了保护相关方的版权，对于参考、采用相关国际标准制定的强制性国家标准，《办法》第五十一条规定：

制定强制性国家标准参考相关国际标准的，应当遵守相关国际标准化组织的版权政策。因此，有关部门在参考、采用国际标准制定强制性国家标准时，应当了解和遵守相关国际标准化组织的版权政策。

（7）本《办法》与原有相关管理办法的关系如何处理？

原有强制性标准管理规章制度主要包括《国家标准管理办法》（原国家技术监督局1990年发布）、《关于强制性标准实行条文强制的若干规定》（原国家质量技术监督局2000年发布）和《关于加强强制性标准管理的若干规定》（国家标准委2002年发布）。本《办法》施行后，有关部门规章或规范性文件中涉及强制性国家标准管理的内容与本《办法》规定不一致的，以本《办法》规定为准。

14.《工程结构通用规范》编制基本原则

《工程结构通用规范》的主要内容是关于工程结构的通用性、基础性规定，分为总则、基本规定、结构设计方法和结构作用四章。为保证规范体系完整性，研编组分四种情况处理现行规范中的相关条文：

（1）现行规范强条经甄别整理后纳入本通用规范。

（2）原来条文表述为“应”或“宜”的非强条，对保证工程安全具有重要作用，并且有把握进行定量规定的，将条文修改后纳入本规范。

（3）原来条文表述为“可”，但不纳入本规范将导致体系残缺的，重新修改条文内涵或修改表述方式后纳入本规范。将条文的重点放在提原则性要求上，不去规定具体的实现方式。

（4）原来条文表述为“可”，属于可有可无的条文，则省略。

比如，为保证体系完整性，规范设置了“地震作用”和“其他作用”等小节。为避免与另一本强制标准《建筑与市政工程抗震通用规范》重复，规范着重在对地震作用的计算提要求而不是具体的量化规定。

又如，规范在“结构设计”一章，除了规定现行的“分项系数设计方法”之外，也在“其他设计方法”小节中，纳入了容许应力法和安全系数法的设计表达式，以保证体系的完整性。也便于与《建筑结构可靠性设计统一标准》GB 50068-2018 一致。

再如，原《建筑结构荷载规范》中规定了各种建筑结构的风荷载“体型系数”。但将体型系数纳入强制规范条件并不成熟，可能会导致各种问题，而体型系数对于风荷载的计算又是不可或缺的。因此规范中以“体型系数应根据建筑外形、周边干扰情况确定”做出原则性规定，替代《建筑结构荷载规范》具体量值的规定。

15. 《工程结构通用规范》与现行标准的差异

《工程结构通用规范》与现行规范的强制性条文基本一致。之所以有差异，是因为现行规范相应条文将来是计划进行修订的。比如以下两个比较重要的差异：

（1）取消了建筑结构“作用基本组合”中永久作用控制的表达式，同时提高了“分项系数”的取值。这其实与现行《建筑结构可靠性设计统一标准》GB 50068-2018 是一致的。

（2）提高了部分民用建筑楼面均布活荷载的标准值。如：办公楼、教室楼面活荷载由 $2.0kN/m^2$ 提高到 $2.5kN/m^2$，试验室、阅览室和会议室由 $2.0kN/m^2$ 提高到 $3.0kN/m^2$，商店、展览厅、车站等候室等由 $3.5kN/m^2$ 提高到 $4.0kN/m^2$ 等。

16. 通用规范实施时间及相关规范强制性条文废止

《工程结构通用规范》为国家标准，编号为 GB 55001-2021，自 2022 年 1 月 1 日起实施之后，以下现行工程建设规范、标准相关强制性条文废止。

（1）《工程结构可靠性设计统一标准》GB 50153-2008 第 3.2.1、3.3.1 条；

（2）《建筑结构可靠性设计统一标准》GB 50068-2018 第 3.2.1、3.3.2 条；

（3）《港口工程结构可靠性设计统一标准》GB 50158-2010 第 3.0.2、3.0.3（1）、7.2.6、7.2.7 条（款）；

（4）《水利水电工程结构可靠性设计统一标准》GB 50199-2013 第 3.2.1、3.3.1 条；

（5）《建筑结构荷载规范》GB 50009-2012 第 3.1.2、3.1.3、3.2.3、3.2.4、5.1.1、

5.1.2、5.3.1、5.5.1、5.5.2、7.1.1、7.1.2、8.1.1、8.1.2条；

（6）《有色金属工程结构荷载规范》GB 50959-2013第3.2.1、3.2.2、4.1.1、4.3.1（1、2）、9.1.1条（款）；

（7）《石油化工建（构）筑物结构荷载规范》GB 51006-2014第3.0.2、3.0.3条；

（8）《地下建筑工程逆作法技术规程》JGJ 165-2010第5.1.3条。

第二篇　工程结构通用规范

为适应国际技术法规与技术标准通行规则，2016年以来，住房和城乡建设部陆续印发《深化工程建设标准化工作改革的意见》等文件，提出政府制定强制性标准、社会团体制定自愿采用性标准的长远目标，明确了逐步用全文强制性工程建设规范取代现行标准中分散的强制性条文的改革任务，逐步形成由法律、行政法规、部门规章中的技术规定与全文强制性工程建设规范构成的“技术法规”体系。

关于规范种类。强制性工程建设规范体系覆盖工程建设领域各类建设工程项目，分为工程项目类（简称项目）和通用技术类规范（简称通用规范）两种类型。项目规范以工程建设项目整体为对象，以项目规模、布局、功能、性能和关键技术措施五大要素为主要内容。通用规范以实现工程建设项目功能性能要求的各专业通用技术为对象，以勘察、设计、施工、维修、养护等通用技术为主要内容。在全文强制性工程建设规范体系中，项目规范为主干，通用规范是对各类项目共性的、通用的专业性关键技术措施的规定。

关于五大要素指标。强制性工程建设规范中各项要素是保障城乡基础设施建设体系化和效率提升的基本规定，是支撑城乡建设高质量发展的基本要求。项目的规模要求主要规定了建设工程项目应具备完整的生产或服务能力，应与经济社会发展水平相适应。项目的布局要求主要规定了产业布局、建设工程项目选址、总体设计、总平面的布局以及与规模协调的统筹性技术要求，应考虑供给力合理分布，提高相关设施建设的整体水平。项目的功能要求主要规定项目构成和用途，明确项目的基本组成单元，是项目发挥预期作用的保障。项目的性能要求主要规定建设工程项目建设水平或技术水平的高低程度，体现建设工程项目的适用性，明确项目质量、安全、节能、环保、宜居环境和可持续发展等方面应达到的基本水平。关键技术措施是实现建设项目功能、性能要求的基本技术规定，是落实城乡建设安全、绿色、韧性、智慧、宜居、公平、有效率等发展目标的基本保障。

关于规范实施。强制性工程建设规范具有强制约束力，是保障人民生命财产安全、人身健康、工程安全、生态环境安全、公众权益和公众利益，以及促进能源资源节约利用、满足经济社会管理等方面的控制性底线要求，工程建设项目的勘察、设计、施工、验收、维修、养护、拆除等建设活动全过程中必须严格执行，其中，对于既有建筑改造项目（指不改变现有使用功能），当条件不具备、执行现行规范确有困难时，应不低于原建造时的标准。与强制性工程建设规范配套的推荐性工程建设标准是经过实践检验的、保障达到强制性规范要求的成熟技术措施，一般情况下也应当执行。在满足强制性工程建设规范规定的项目功能、性能要求和关键技术措施的前提下，可合理选用相关团体标准、企业标准，使项目功能、性能更加优化或达到更高水平。推荐性工程建设标准、团体标准、企业标准要与强制性工程建设规范协调配套，各项技术要求不得低于强制性工程建设规范的相关技术水平。

强制性工程建设规范实施后，现行相关工程建设国家标准、行业标准中的强制性条文同时废止。现行工程建设地方标准中的强制性条文应及时修订，且不得低于强制性工程建设规范的规定。现行工程建设标准（包括强制性标准和推荐性标准）中有关规定与强制性工程建设规范的规定不一致的，以强制性工程建设规范的规定为准。

第1章 总 则

1.0.1 为在工程建设中贯彻落实建筑方针，保障工程结构安全性、适用性、耐久性，满足建设项目正常使用和绿色发展需要，制定本规范。

延伸阅读与深度理解

本规范制定的目的。本规范是以工程结构设计的目标和功能性能要求为基础，并提供可接受方案（能够满足目标和功能性能要求的技术方法或措施）的全文强制性标准。

(1) 安全性：是最基本的要求，也是必须达到的要求。

(2) 适用性：建造房屋的目的就是“使用”，而建筑物存在的价值，也在于此。适用性是指从使用者的角度出发，以人为本，对用户提出的各种对使用功能的要求（空间尺寸、使用功能、荷载状态、特殊用途等），均应在方案阶段给予充分考虑，且必须保证质量安全，满足功能需要，给予使用者良好的应用体验。

(3) 耐久性：对土木工程来说意义非常重要，若耐久性不足，将会产生严重的后果，甚至对未来社会造成极为沉重的负担。但长期以来存在一种观念，认为混凝土是“人工石”——“砼”，似乎可以像岩石一样永久长存。这种认识完全错误，国内外很多事实都说明：混凝土材料的性能随着时间的推移，会逐渐劣化，钢筋也会因为锈蚀而丧失承载力。美国因为高速公路的盐害而提出的“五倍定律”和日本的“海砂屋”事件，都是前车之鉴。

我国在2002版《混凝土结构设计规范》中首次列入了有关耐久性设计的相关内容。

(4) 绿色：是指在建筑全寿命周期内，最大限度地降低资源能源消耗、保护环境、减少污染。从建筑选址立项、规划设计开始，计量备料、实施建设、使用运行、维修改造及最后拆除回收等全过程都要有节能环保的自觉意识。要运用先进适宜的设计理念、设计方法、建筑技术开展绿色建造，建设与自然和谐共生的绿色生态节能建筑。

1.0.2 工程结构必须执行本规范。

（1）本规范是国家工程建设控制性底线要求，具有法规强制效力，必须严格遵守。

（2）《建设工程勘察设计管理条例》第五条：县级以上人民政府建设行政主管部门和交通、水利等有关部门应当依照本条例的规定，加强对建设工程勘察、设计活动的监督管理。

建设工程勘察、设计单位必须依法进行建设工程勘察、设计，严格执行工程建设强制性标准，并对建设工程勘察、设计的质量负责。

1.0.3 工程建设所采用的技术方法和措施是否符合本规范要求，由相关责任主体判定。其中，创新性的技术方法和措施，应进行论证并符合本规范中有关性能的要求。

（1）工程建设强制性通用规范是以工程建设活动结果为导向的技术规定，突出了建设工程的规模、布局、功能、性能和关键技术措施，但是，规范中关键技术措施不能涵盖工程规划建设管理采用的全部技术方法和措施，仅仅是保障工程性能的“关键点”，很多关键技术措施具有“指令性”特点，即要求工程技术人员去“做什么”，通用规范要求的结果是要保障建设工程的性能，因此，能否达到规范规定的性能要求，以及工程技术人员所采取的技术方法和措施是否按照规范的要求去执行，需要进行全面判定，其中，重点是能否保证工程性能符合规范的规定。

（2）进行这种判定的主体应为工程建设的相关责任主体，这是我国现行法律法规的要求。《中华人民共和国建筑法》《建设工程质量管理条例》《民用建筑节能条例》以及相关的法律法规，突出强调了工程监管、建设、规划、勘察、设计、施工、监理、检测、造价、咨询等各方主体的法律责任，既规定了首要责任，也确定了主体责任。在工程建设过程中，执行强制性工程建设通用规范是各方主体落实责任的必要条件，是基本的、底线的条件。有义务对工程规划建设管理采用的技术方法和措施是否符合本通用规范规定进行判定。

（3）为了支持创新，鼓励创新成果在建设工程中的应用，当拟采用的新技术在工程建设强制通用规范或推荐性标准中没有相关规定时，应当对拟采用的工程技术或措施进行论证，确保建设工程质量和安全，并应满足国家对建设工程环境保护、卫生健康、经济社会管理、能源资源节约与合理利用等相关基本要求。

2021年笔者先后受邀参加几个工程关于“沉降后浇带”是否可以提前封闭的论证。

实际工程中经常会遇到甲方或施工单位由于种种条件所需，对设计院提出“后浇带可否提前封闭请求”。我们知道规范对沉降后浇带提出的封闭要求，都是基于工程实践成熟经验的总结，一般工程按此处理不会有太多问题。但是否这些规定就不能依据工程的实际边界条件调整呢？笔者认为当然不是，规范的本意是希望结合工程具体各种边界条件，具体工程具体分析才是解决工程实际问题的最佳途径。但“打破常规”，不仅需要勇气，更需要智慧，不仅需要先进的计算分析手段，更需要丰富的工程经验判断，只有把二者贯通融合方能给出问题的正确答案。

【工程案例 1】工程概况：北京某住宅小区，原设计是主楼地上 8～11 层，地下 2 层，在地下 1～2 层车库之间，设计按惯例预留了沉降后浇带，主楼采用 CFG 复合地基或天然地基筏板基础，车库采用天然地基筏板基础。设计院要求主楼完工 2 个月后，待沉降稳定后方可封闭沉降后浇带。但由于现场工期等需要，想提前封闭沉降后浇带。当时主楼已经施工到 6～8 层，设计院建议找专家咨询论证（正确的选择）。于是甲方找了几位业界知名的岩土、地基、结构方面的专家组成专家组，图 2-1-1 所示为会议现场。专家组听取了甲方对现场的情况汇报，并分析了相关资料及沉降观测结果，经过专家讨论一致认为基于理论计算及实测沉降资料均满足相关规范要求，本工程可以提前封闭沉降后浇带。

图 2-1-1　论证会现场图片

【工程案例 2】工程概况：本工程地上是综合办公楼，地上 11～12 层，地下 2 层，车库地下 2 层，图 2-1-2 所示为工程效果图。原设计按惯例预留沉降后浇带，但由于甲方及

图 2-1-2　综合办公楼工程

施工工期等需要，甲方委托北京院复杂地基研究所对沉降后浇带提前封闭进行分析研究。经过地基所分析研究认为，地下结构施工完成后（主楼施工至±0.000），可以提前封闭沉降后浇带，为了让甲方及各方心里有数，也特邀了业界勘察、地基、结构方面的知名专家对分析报告进行了评审，专家们听取了咨询单位的详细汇报，经过质询及讨论，认为咨询单位分析计算合理，满足规范对差异沉降的要求，结合各种边界条件及专家经验，认为可以提前封闭，并提出了一些建议及措施。

【工程案例 3】工程概况：主楼框架-剪力墙地上 12～14 层，筏板基础，地下 2 层，车库（地下 2 层）采用独立基础加防水板，图 2-1-3 所示为工程鸟瞰图。设计院按惯例预留沉降后浇带，要求沉降稳定后方可封闭。甲方及施工由于工期等需要，委托北京院复杂地基研究所对沉降后浇带提前封闭进行分析研究，经过分析研究认为可以在地下施工完成后，提前封闭沉降后浇带，同样也为此组织了地勘、地基、结构、审图等专家，经过分析研究，认为咨询单位分析研究正确，计算结构满足相关规范对差异沉降的规定，可以提前封闭。

图 2-1-3 工程鸟瞰图

【工程案例 4】2012 年笔者主持的宁夏万豪大厦工程

2012 年主持的银川 50 层超高层，图 2-1-4 所示为工程竣工后的实景照片。关于沉降

图 2-1-4 工程实景

后浇带是否可以提前封闭，当时主楼施工到 37 层，甲方考虑到施工周期，咨询笔者可否提前封闭沉降后浇带，笔者明确告诉甲方，依据目前沉降观测资料分析，还不能封闭。当然为了让甲方相信笔者的说法不是在“忽悠他们”，故建议有必要可以找专家论证一下。于是甲方请了来自北京、上海、广东及当地的几位专家。在论证会上我们把目前的沉降观测数据及我们的结论讲出来，专家们没有人敢说现在可以封闭，均建议继续观测，待满足规范要求的沉降观测数据后再考虑封闭。

（4）结语及建议

1）设置沉降后浇带的确存在不少问题。

后浇带施工中存在诸多模糊点，且常常是施工中的顽疾，将后浇带问题处理妥当需要花费较大人力、财力、施工周期。

① 施工困难，质量难以保证，后浇带封闭浇筑前，地下室始终处于漏水状况，雨水、杂物和各种难以控制的垃圾进入后浇带内，造成污染并使钢筋锈蚀。清理时需要很多劳动力，加上施工工期紧迫，钢筋除锈不仅费工且不易清理干净，留下质量隐患。常见后浇带现场情况如图 2-1-5 所示。

图 2-1-5　常见后浇带现场情况

② 沉降后浇带一般存在时间较长，容易造成安全隐患，尤其是深基坑的安全隐患尤为严重，由于后浇带没有封闭，无法及时回填肥槽等。

通常由于设计单位在地下室结构设计阶段，不清楚施工单位会采取什么样的临时支撑措施，所以往往不会对后浇带断开的结构在后浇带封闭前、回填土后的结构稳定性进行验算，只是常规设计验算了后浇带封闭后的整体结构安全。因此需要施工单位在施工之前，根据施工支撑情况提前与设计院进行沟通，并将施工工况及支撑情况提请设计院全面进行施工阶段验算（当然施工单位也可以进行施工阶段的验算），并需注重复核地下室外墙后浇带未封闭的情况下外墙的结构受力情况。

③ 沉降后浇带长期存在，高水位地区（尤其是遇到有承压水）必须长时间降水，严重影响施工开展，施工费用高，浪费水资源，不仅不符合绿色施工，且有可能影响周围建筑物安全。

④ 在后浇带混凝土浇筑时，因该处结构早已封闭，因此混凝土运输十分困难，泵送混凝土无法使用。只能采用人工运输缓慢浇筑，还需要专人养护不少于14d，且零星分散施工难以管理。根据诸多项目反映，后浇带后期浇筑效果往往不理想，验收时常发现后浇带自身开裂问题。

⑤ 严重影响施工模板周转，因后浇带（指楼盖）两侧板、两底模、支撑都不能拆除，很大一部分的模板长期无法周转，尤其是沉降后浇带几个月甚至1～2年无法拆除。

⑥ 影响施工进度：影响机电、装修的立体交叉作业；影响构件堆放、吊装。

⑦ 沉降后浇带未封闭前，地下室顶板回填土无法回填，现场场地无法平整使用，造成道路不通顺，给整个现场施工造成极大困难。

⑧ 设置沉降后浇带在某种程度上也制约了跳仓法的推广应用。

2）作为一名合格的土木工程师，绝对不能墨守成规、唯规范论。对规范及一些传统做法，不结合工程边界条件分析研究，死搬硬套地应用，这样做最简单，但对个人的成长及发展均是非常不利的。笔者认为，知识爆炸时代，新技术、新材料、新方法发展迅猛，我们必须不断更新自己的知识体系及惯性思维。

3）《建筑地基基础设计规范》GB 50007-2011 第8.4.22条提到：带裙房的高层建筑下的整体筏形基础，其主楼下筏板的整体挠度值不宜大于0.05%，主楼与相邻的裙房柱的差异沉降不应不大于其跨度的0.1%。

根据规范及设计要求：

① 主楼下筏板的整体挠度值≤0.05%；

② 封闭沉降后浇带后，主楼与相邻的裙房柱的差异沉降≤0.1%L。

图2-1-6所示为主楼与纯地库地下变形及差异变形控制示意图。

理论上来说，即使沉降没有达到稳定状态，如果能满足《建筑地基基础设计规范》这2个要求，也是完全可以封闭沉降后浇带的。

4）当然，如果实际工程没有现实困难，我们墨守成规地按规范设计，也无可厚非。但请切记："规范只原则介绍结构设计的共性技术问题，而不是解决所有工程问题的百科全书"，规范不负责解决工程设计问题，只有理解规范的原则及实质内涵，并能根据工程具体边界条件分析应用，才是我们设计人的目标。

5）没有经过仔细科学的分析研究和丰富的工程经验判断，是无法得出安全可靠的结论的，我们知道地基基础远比我们认知的复杂多变，如果没有金刚钻，也别揽瓷器活。

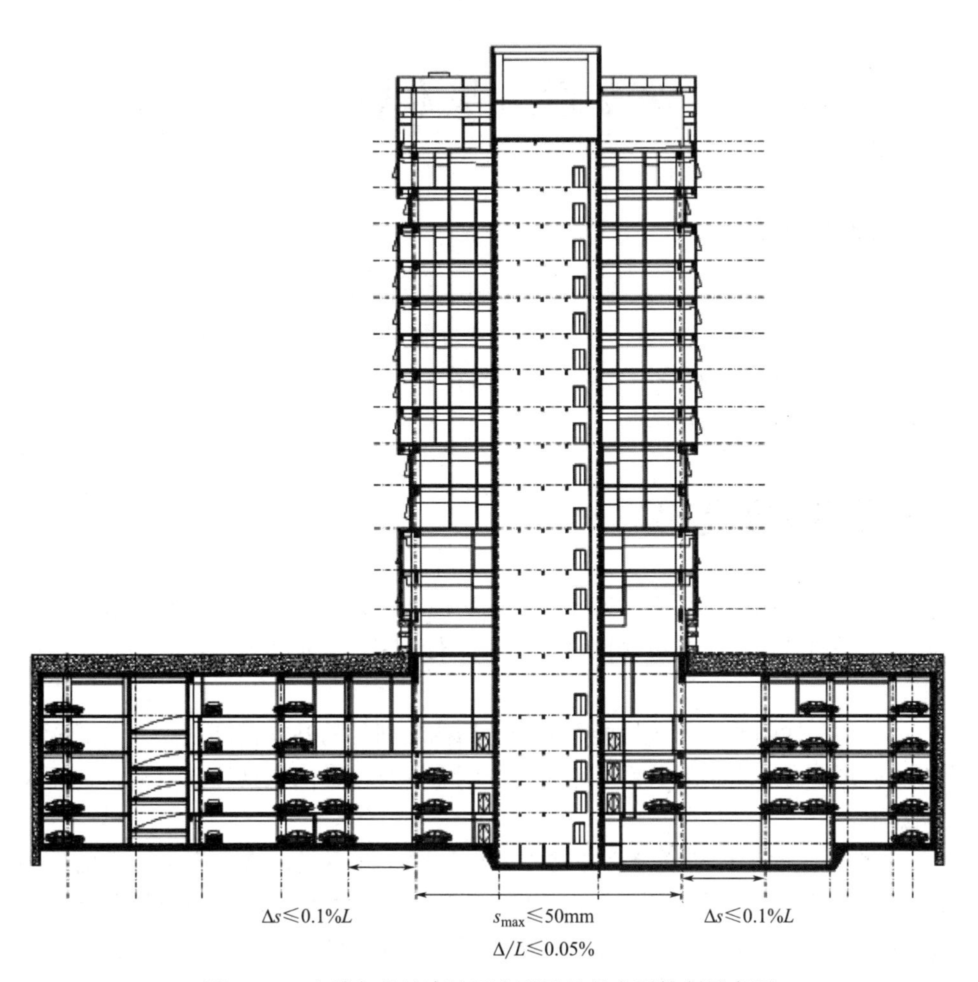

图 2-1-6　主楼与纯地库地下变形及差异变形控制示意图

Δ——沉降值（mm）；L——两点距离（mm）

第2章 基本规定

2.1 基本要求

2.1.1 结构在设计工作年限内，必须符合下列规定：

1 应能够承受在正常施工和正常使用期间预期可能出现的各种作用；

2 应保障结构和结构构件的预定使用要求；

3 应保障足够的耐久性要求。

延伸阅读与深度理解

（1）本条规定了结构必须满足安全性、适应性和耐久性三方面的基本要求。

（2）本条是由《建筑结构可靠性设计统一标准》GB 50068-2018 第 3.1.2 条（非强条）整合而来。

（3）关于耐久性问题，耐久性能是混凝土结构应满足的基本性能之一，与混凝土结构的安全性和适用性有着密切的关系，越来越受到业界及社会的重视，现就耐久性相关问题补充说明如下：

1）耐久性对土木工程来说意义非常重要，若耐久性不足，将会产生严重的后果，甚至对未来社会造成极为沉重的负担。据 2010 年美国一项调查显示，美国的混凝土基础设施工程总价值约为 6 万亿美元，每年所需维修费或重建费约 3000 亿美元。美国 50 万座公路桥梁中 20 万座已有损坏，美国共建有混凝土水坝 3000 座，平均寿命 30 年，其中 32％的水坝年久失修；而对第二次世界大战前后兴建的混凝土工程，在使用 30～50 年后进行加固维修所投入的费用，占建设总投资的 40％～50％。回看我国，20 世纪 50 年代所建设的混凝土工程已经使用 50 余年。而我们国家结构设计使用年限绝大多数也只有 50 年，今后为了维修这些新中国成立以来所建的基础设施，耗资必将是巨大的。而我国目前的基础设施建设工程规模依然巨大。照此看来，30～50 年后，这些工程也将进入维修期，所需的维修费用和重建费用将更为巨大，因此耐久性对于土木工程非常重要，应引起足够重视。

2）目前，关于混凝土结构耐久性的设计方法有两种，其一是宏观控制的方法，其二为极限状态的设计方法。

① 宏观控制是将具有代表性的环境不严格定量地进行区分，根据环境类别和设计使用年限，对结构混凝土提出相应的限制要求，保证其耐久性能。这种方法的优点是易于理解、便操作，缺点是不能准确定量。《混凝土结构设计规范》GB 50010 采取了这种划分方法，将混凝土结构的环境分为五类：室内正常环境、室外环境或类似室外环境、氯侵蚀环境、海洋环境和化学物质侵蚀环境。这种划分方法与欧洲规范的划分方法基本一致。在对结构混凝土提出要求时，将试验研究结果、混凝土耐久性长期观测结果与混凝土结构耐久

性调查的情况结合起来，根据使用环境的宏观情况和设计使用年限情况，将要求具体化，使之能满足耐久性要求。

② 极限状态的设计方法是将上述分类加上侵蚀性指标进行细化，如室内环境根据常年温度、湿度、通风、阳光照射情况等定量细化。材料抵抗环境作用的能力要通过试验研究、长期观测和现场调研统计得到的计算公式的验算来体现。以混凝土碳化造成的钢筋锈蚀问题为例来说明这种方法。先计算碳化深度达到钢筋表面所需要的时间 t_1，在计算时要考虑混凝土的孔隙结构、氢氧化钙的含量、环境中的二氧化碳含量、空气温度与湿度等因素。然后，计算钢筋达到允许锈蚀极限状态的时间 t_2，在计算时要考虑混凝土的孔隙结构、保护层厚度、空气温度和湿度与钢筋直径等因素。令 t_1+t_2 大于设计使用年限，则满足耐久性要求。从目前情况来看，按极限状态方法进行设计的条件还不够成熟。

3）由于引起混凝土结构材料性能劣化的因素比较复杂，其规律不确定性很大，一般建筑结构的耐久性设计只能采用经验性的定性方法解决。

（4）《绿色建筑评价标准》GB/T 50378-2019 也对耐久性提出相关要求。

如 4.2.8 条：提高建筑结构材料的耐久性，评价总分值为 10 分，并按下列规则评分：

1）按 100 年进行耐久性设计，得 10 分。

2）采用耐久性能好的建筑结构材料，满足下列条件之一，得 10 分：

① 对于混凝土构件，提高钢筋保护层厚度或采用高耐久混凝土；

② 对于钢构件，采用耐候结构钢及耐候型防腐涂料；

③ 对于木构件，采用防腐木材、耐久木材或耐久木制品。

（5）影响混凝土结构耐久性的相关因素主要如下：

1）混凝土的密实性

混凝土是由砂、石、水泥、掺合料、外加剂、加水搅拌而形成的三项混合体。由于水泥浆胶体凝固为水泥石（固化）过程中体积减小；振捣时离析、泌水造成浆体上浮和毛细作用；混凝土材料内部充满了毛细孔、孔隙、裂纹等缺陷（图 2-2-1），这种材料不密实的微观结构，就可能引起有害介质的渗入，产生耐久性问题。

2）混凝土的碳化

混凝土中含有碱性的氢氧化钙，其可在钢筋表面形成“钝化膜”而保护其免遭锈蚀，这种现象称为“钝化”，处于钝化状态的钢筋不会锈蚀。当钝化膜遭到破坏时，钢筋则具备锈蚀的条件，在大气中二氧化碳渗入和水的作用下，就会生成碳酸钙而丧失了碱性，这种现象称为“碳化”。随着时间推移，碳化深度逐渐加大，当达到钢筋表面而引起“脱钝”时，裸露的钢筋就容易在有害介质的作用下锈蚀。

3）钢筋的锈蚀

锈蚀钢筋表面的锈渣体积膨胀，引起混凝土保护层劈裂，而顺钢筋发展的纵向劈裂裂缝又加快了有害介质的渗入，如此恶性循环的作用，最终导致构件破坏。

4）氯离子的影响

如果混凝土中含有氯离子，游离的氯离子会使钢筋表面的钝化膜破坏，使钢筋具备锈蚀条件，很少的氯离子就足以长久地促使钢筋锈蚀，直至完全锈蚀，因此氯离子是混凝土结构耐久性的大敌。美国的“五倍定理”和日本的“海砂屋”，都是由氯离子引起的，对此结构设计不得不引起关注。

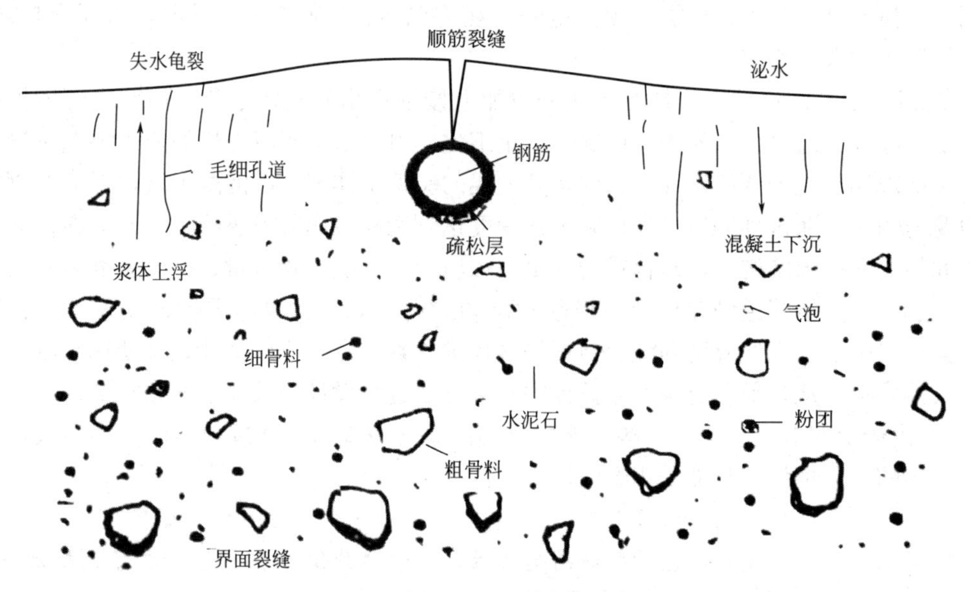

图 2-2-1 混凝土的微观结构及内部缺陷

5）碱骨料反应

碱骨料反应是指水泥水化过程中释放出来的碱金属与骨料中的碱活性成分发生化学反应造成的混凝土破坏。如果混凝土长期处于水环境中，而其内部含碱量又较高，则有可能由于含碱骨料浸水膨胀而引起内部裂缝。因此对于处于水环境中的混凝土构件，应限制其碱含量，设计可参考《预防混凝土碱骨料反应技术规范》GB/T 50733 的相关规定。

【工程案例】2021 年震惊世界的美国迈阿密塌楼事件

2021 年 6 月 24 日凌晨，美国佛罗里达州迈阿密戴德县瑟夫赛德镇一栋公寓楼发生部分倒塌，造成重大人员伤亡事故，引起了全世界的广泛关注。据报道，事故楼房为一栋 1981 年建造的 12 层海边公寓，共有 136 套住房，其中 55 套在事故中发生雪崩式坍塌（图 2-2-2、图 2-2-3）。据新浪网 2021 年 7 月 8 日消息，7 月 7 日已对塌楼停止搜救，事故共造成 54 人死亡，86 人失踪。另据新华社报道，迈阿密-戴德县消防救援部门 7 月 23 日宣布结束对遇难者遗体的搜寻行动。事故迄今确认至少 97 人遇难。

截至 2021 年 8 月初，官方尚未公布此次公寓楼倒塌的原因，但是相关报道及专家分析都聚焦在海水对混凝土的腐蚀上，笔者也一直认为海水腐蚀是不可排除的原因之一。2021 年 6 月 26 日，《纽约时报》报道指出，一家名为莫拉比托的建筑工程咨询公司于 2018 年针对该大楼的工程检测报告提出质疑：公寓泳池边地板下的混凝土结构板有“重大的结构损坏”，地下停车场的柱子、横梁和墙壁大量开裂和崩塌。2021 年 6 月 28 日，《迈阿密先驱报》报道指出，在事发 3 天前一位泳池承包商曾参观过倒塌大楼的地下区域，发现停车场到处都是积水，钢筋发生锈蚀，混凝土存在开裂（图 2-2-4）。2021 年 6 月 28 日，《经济学人》报道认为，气候变化带来的海平面上升，引起海水倒灌，导致公寓建筑地基内部和地基周边区域大量海水长期滞留，对建筑结构中的混凝土和钢筋造成了腐蚀破坏，这是公寓倒塌可能的原因。

图 2-2-2　倒塌公寓所处海边位置

图 2-2-3　公寓楼部分倒塌现场

图 2-2-4　公寓楼倒塌前地下室积水腐蚀严重

美国国家广播电视台2021年7月3日播发塌楼事件后，地方政府下令对所有40年及以上建筑物的档案进行审计。在审计中发现，2021年1月11日对北迈阿密一栋10层高公寓楼的认证报告中指出，该楼房是不安全的，存在柱子和横梁开裂等结构问题。因此，2021年7月2日北迈阿密市政府下令立即关闭这栋大楼并疏散居民。这栋大楼距离2021年6月24日发生倒塌事故的公寓楼仅约8km。

（6）海洋环境下建筑结构的腐蚀目前仍是世界性难题

海洋环境对混凝土材料有着严重的腐蚀破坏作用。美国联邦公路局公布的数据显示，1998年美国公路桥梁因混凝土腐蚀导致的费用高达276亿美元。美国切萨皮克湾隧桥全长37km，分南北双向两部分，总投资2.5亿美元。1998年对北向部分623个被海水侵蚀破坏的桥墩进行修补，耗资1250万美元，历时两年。其他桥墩的侵蚀在进一步扩大，若干年后有待继续维修。日本运输省对103座海港码头进行调查后发现，凡是服役超过20年的混凝土码头都有严重腐蚀。欧洲调查显示，英格兰和威尔士75%的混凝土桥梁受到海水腐蚀，维修费用高达建造费用的两倍。挪威沿海100多座混凝土桥梁和1万多座混凝土码头中，一半以上受到海水腐蚀的影响。我国交通运输部有关单位的调查报告表明：南部沿海18座使用7年到25年的水泥混凝土码头中，有16座存在明显腐蚀现象，9座腐蚀严重；东南沿海22座使用8年到32年的码头中有55.6%的码头，其水泥混凝土保护层严重剥落；北方沿海14座使用2年到57年的码头中，几乎所有码头都有水泥混凝土腐蚀现象。2020年我们对建成通车12年的某跨海大桥考察发现，该桥的桥墩、承台、护坡堤等都发生了不同程度的明显腐蚀（图2-2-5）。

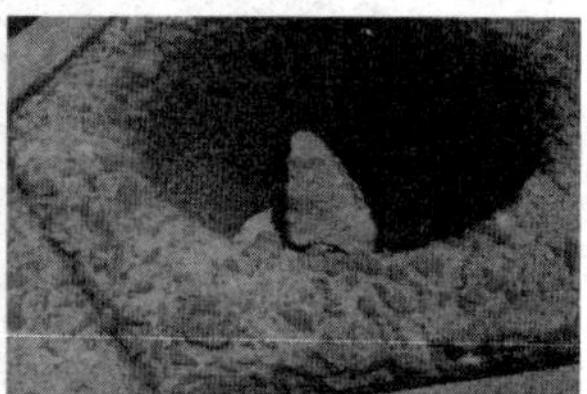

护坡混凝土构件发生明显腐蚀

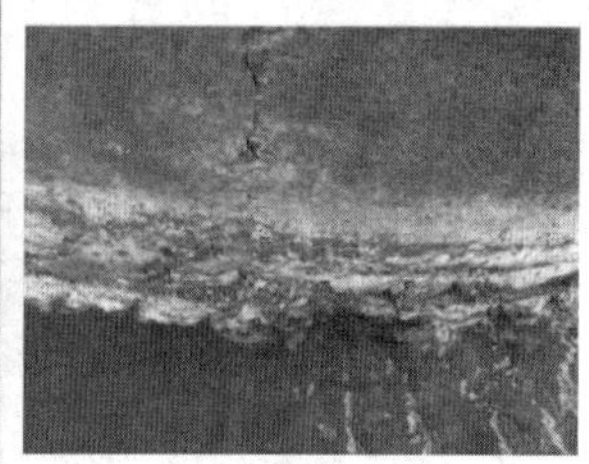

桥墩水位变动区发生明显腐蚀

图2-2-5 运行12年的某跨海大桥已经发生明显的海水腐蚀

混凝土结构受到海水腐蚀发生破坏的内在原因是硅酸盐水泥（一般工程常采用的）耐腐蚀性能较差，容易与海水中的某些盐分如硫酸盐、镁盐等发生化学反应，从而导致混凝土脱落、开裂，进而导致氯离子入侵、钢筋锈蚀。海洋环境下硅酸盐水泥建筑结构发生腐蚀是普遍性问题，也是世界性难题。使用新型耐腐蚀的水泥是提高混凝土耐海水腐蚀的根本途径。

(7) 具有高抗海水腐蚀性能的铁铝酸盐水泥

铁铝酸盐水泥是 20 世纪 80 年代由我国自主发明的一个水泥品种，曾获国家发明二等奖。我国是世界上唯一实现连续工业化生产铁铝酸盐水泥的国家。目前，我国已具备超过 1000 万吨铁铝酸盐水泥的生产能力，并且普通水泥生产线经过简单改造也可以生产铁铝酸盐水泥。铁铝酸盐水泥具有早强、高强、抗冻、抗渗、耐腐蚀等性能特点，尤其具有优异的抗渗性能和耐海水腐蚀性能。铁铝酸盐水泥混凝土的抗渗性能显著优于同等级的硅酸盐水泥混凝土（表 2-2-1）。

水泥混凝土的抗渗性能对比 **表 2-2-1**

混凝土品种	恒压时间(h)				渗透高度(cm)
	1.5MPa	2.0MPa	2.5MPa	3.0MPa	
铁铝酸盐水泥混凝土	8	8	8	8	5～6
普通硅酸盐水泥混凝土	8	0	0	0	12～14
掺膨胀剂硅酸盐水泥混凝土	8	8	8	8	6～8

铁铝酸盐水泥在海南省三亚海边试验站进行长时间海水浸泡试验结果如表 2-2-2 所示。结果表明，铁铝酸盐水泥试块在三亚海水中浸泡 12 个月后，其抗折强度非但不降低，反而提高了 27%，浸泡 24 个月后强度提高了 36%；而普通硅酸盐水泥试块在海水浸泡下腐蚀严重，即便是改性过的海工硅酸盐水泥在同一条件下浸泡 12 个月后抗折强度还是下降了 50%；浸泡 24 个月后下降了 52%。

铁铝酸盐水泥与海工硅酸盐水泥抗海水浸蚀系数对比 **表 2-2-2**

水泥品种	养护水	K_{12}	K_{24}
铁铝酸盐水泥	三亚海水	1.27	1.36
海工硅酸盐水泥	三亚海水	0.50	0.48

近 40 年的海洋工程应用案例验证了铁铝酸盐水泥具有长期耐海水腐蚀性能。福建东山岛 1983 年用铁铝酸盐水泥抢修的南门海堤经受了 38 年的海浪冲刷后依然完好，未见腐蚀迹象（图 2-2-6a）。与南门海堤同期修建的还有岛上的一座小码头，该码头为高桩梁板结构，海水中的立柱由铁铝酸盐水泥混凝土建造，上方梁板由硅酸盐水泥混凝土建造。2019 年现场考察发现，码头的铁铝酸盐水泥立柱经历近四十年的海浪冲刷、干湿交替后依然完好，未出现明显腐蚀；而上方未直接接触海水的硅酸盐水泥梁板则混凝土破损剥落，钢筋锈蚀严重（图 2-2-6b、c）。这个工程实例表明，铁铝酸盐水泥具有独特的、优异的长期耐海水腐蚀性能。

当然除了海洋工程外，铁铝酸盐水泥还在房屋建筑工程和市政工程中长期应用。1993 年施工的 22 层沈阳电信枢纽工程全部主体结构；1994 年施工的 28 层辽宁物产科贸大厦全部主体结构（图 2-2-7）；1994 年修建的北京西三环航天桥“Y”形墩柱、预应力钢筋混凝土盖梁（图 2-2-8）等。这些建筑结构工程的应用案例表明，铁铝酸盐水泥用于建筑结构是长期安全可靠的。

(a) 用铁铝酸盐水泥修建的东山岛南门海堤

(b) 东山岛上利用铁铝酸盐水泥和硅酸盐水泥修建的小码头

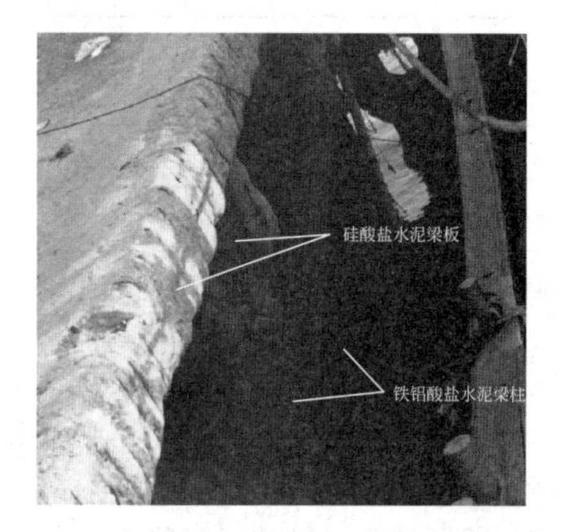

(c) 东山岛上利用铁铝酸盐水泥和硅酸盐水泥修建的小码头

图 2-2-6 铁铝酸盐水泥和硅酸盐水泥工程应用

图 2-2-7 辽宁物产科贸大楼

图 2-2-8 北京西三环航天桥“Y”形墩柱

(8) 提高沿海建筑工程安全性的材料解决方案

在“海洋强国”和“一带一路”倡议下，沿海经济带快速发展，我们必须提高沿海建筑的混凝土耐腐蚀性能，提升沿海建筑的安全性，保证人民群众生命财产安全。建议在沿海建筑新建工程和修缮工程中推广应用具有优异耐海水腐蚀性能的铁铝酸盐水泥，大幅度提升建筑的耐海水腐蚀能力，减少建筑物受海水腐蚀破坏的风险和降低维修维护成本。

1) 使用铁铝酸盐水泥替代硅酸盐水泥生产高强预应力管桩，解决沿海建筑桩基础因海水腐蚀而造成的承载力下降甚至破坏的问题。

2) 使用铁铝酸盐水泥替代硅酸盐水泥建设沿海建筑的梁、柱等重要承重结构，解决沿海建筑梁、柱等关键承重结构因海水腐蚀而造成的承载力下降甚至破坏的问题。

3) 开展铁铝酸盐水泥在沿海建筑工程中的应用示范及相关研究工作，建立完善的应用技术标准规范体系。

2.1.2 结构体系应具有合理的传力路径，能够将结构可承受的各种作用从作用点传递到抗力构件。

延伸阅读与深度理解

(1) 合理的传力路径，是保证结构能够承载的基本要求，因此结构体系传力路径的合理性是结构设计时必须考虑的重要因素。

(2) 结构体系应符合下列要求：

1) 应具有明确的计算简图和合理的各种作用的传递途径。

2) 应避免因部分结构或构件破坏而导致整个结构丧失承载能力。

3) 应具有良好的变形能力和耗地震的能力。

4) 对可能出现的薄弱部位，应采取可靠的措施提高其抗震能力。

(3) 合理的结构方案表现为良好的整体稳固性，可以归纳为四要、四忌、四应的要诀：

四要：要方正规矩；要传力直径；要冗余约束；要备用途径；

四忌：忌头重脚轻；忌奇形怪状；忌间接传力；忌脆性材料；

四应：应可靠连接；应强柱弱梁；应强剪弱弯；应强化边角。

2.1.3 当发生可能遭遇的爆炸、撞击、罕遇地震等偶然事件及人为失误时，结构应保持整体稳固性，不应出现与起因不相称的破坏后果。当发生火灾时，结构应在规定的时间内保持承载力和整体稳固性。

延伸阅读与深度理解

(1) 本条由《工程结构可靠性设计统一标准》GB 50153-2008 第 3.1.2 条（非强条）整合而来。

(2) 结构的整体稳固性是指结构应当具有完整性和一定的容错能力，避免因为局部构件的失效导致结构整体失效。在某些偶然事件发生时，通常可能会造成结构局部构件失效，但如果结构整体设计不当，则可能因为局部的失效导致结构发生连续倒塌、整体破坏，造成重大损失。

(3) 结构设计的最终目标是“安全”，而安全的根本是“防倒塌”。近年天灾、人祸等偶然作用引起的房屋倒塌，造成大量人员伤亡和财产损失，因此结构倒塌是对结构安全的最大威胁。美国“9·11”事件以后，结构连续倒塌问题更加引起人们的重视，现在，结构的防连续倒塌，即结构“防灾性能”的研究，已经成为结构学科中最活跃、最具有发展潜力的部分，对国内外的学术界而言，无一例外。

(4) 爆炸荷载：

1）爆炸会产生巨大的能量，可导致建筑物倒塌，造成巨大的经济损失，同时还会威胁公众生命安全，甚至对人们的心理造成强大的冲击。爆炸现象由来已久，最典型的爆炸现象主要包括恐怖袭击（由各种炸药爆炸引起）和液化气、粉尘等燃烧爆炸。

2）爆炸对抗爆防护的作用机理：当炸药在抗爆结构表面发生爆炸时，由于爆炸压缩波传至结构内表面时将发生反射，压缩波被反射成拉伸波，致使结构内表面由于受拉破坏而发生震塌破坏，因此，结构内表面的震塌破坏主要取决于抗爆结构材料的动力抗拉强度。

3）我国规范规定，爆炸荷载属于动力荷载，但如果按动力方法直接进行结构分析和设计，不仅计算过程复杂，而且有些设计参数很难确定，因此，《建筑结构荷载规范》规定由炸药、燃气、粉尘等引起的爆炸荷载按等效静力荷载采用。

(5) 撞击荷载：

1）这里的“撞击”指非正常撞击。

2）撞击荷载作用原理：撞击主要指运动速度较大物体对建筑结构或构件产生较大的动力冲击作用，由于速度大，可能有较大的动力荷载作用。撞击原理较为明确，主要是考虑动力放大效应，通过一般的弹塑性时程分析，理论上可以对撞击作用及效应进行精确的模拟分析，分析结果经过适当归并和简化后可用于设计。

3）撞击荷载源包括电梯坠落、吊车、车辆撞击、移动机械等。

(6) 这里的人为失误是指由于设计、施工和使用者在认知、行为和意图等方面的局限，忽视了某些潜在的可能影响结构安全的因素。

(7) 火灾是直接威胁到公众生命财产安全的重要风险因素。发生火灾时，结构特性与一般的使用条件有很大差异。因此在结构设计时，除了应满足第 2.1.1 条的三项基本要求外，还必须考虑在突发火灾的情况下，结构能够在规定时间内提供足够的承载能力和整体稳固性，为现场人员疏散和消防人员施救创造条件，并避免因结构构件失效导致火灾在更大范围内蔓延。这也是《建筑设计防火规范》规定不同构件耐火极限不同的原因。

近年来，高层民用建筑在我国呈现快速发展之势，建筑高度大于 100m 的超高层建筑越来越多，火灾也呈现多发态势，火灾后果非常严重。以下列举世界上几个典型案例。

【建筑火灾案例 1】法国巴黎圣母院大教堂，建造 180 年，距今 800 年，2019 年 4 月 15 日燃烧 14h 之久（图 2-2-9）。

图 2-2-9　法国巴黎圣母院大教堂火灾

【建筑火灾案例 2】2018 年 9 月 2 日具有 500 年历史的巴西国家博物馆发生火灾，图 2-2-10 所示为火灾图片。

图 2-2-10　巴西国家博物馆火灾

【建筑火灾案例 3】2017 年 6 月 14 日，英国伦敦格伦费尔塔公寓楼，24 层燃烧 7h，72 人丧生。图 2-2-11 所示为火灾现场图片。

图 2-2-11　英国伦敦格伦费尔塔公寓楼火灾

【建筑火灾案例 4】2009 年 2 月 9 日，北京央视新台址北楼主楼（52 层，234m；30 层，159m），由于燃放烟花引起北楼燃烧 6h。图 2-2-12 所示为火灾图片。

图 2-2-12　北京央视新台址北楼主楼火灾

【建筑火灾案例 5】2007 年 8 月 14 日，上海环球金融中心（101 层，492m），施工中发生火灾。图 2-2-13 所示为火灾图片。

图 2-2-13　上海环球金融中心火灾

【建筑火灾案例 6】2005 年 2 月 12 日，西班牙马德里温莎大厦（32 层，106m）发生火灾，建筑未倒塌。图 2-2-14 所示为火灾图片。

图 2-2-14 西班牙马德里温莎大厦火灾

【建筑火灾案例 7】2006 年 5 月 5 日，比利时布鲁塞尔机场飞机维修库发生火灾，建筑完全坍塌。4 架飞机受损，4 人伤亡，损失额高达数十亿欧元。图 2-2-15 所示为火灾图片。

图 2-2-15 比利时布鲁塞尔机场飞机维修库火灾

世界各国对超高层建筑的防火要求均有所区别，建筑高度分段也不同。如我国现行标准按 24m、32m、50m、100m 和 250m，新加坡按 24m 和 60m，英国规范按 18m、30m 和 60m，美国按 23m、37m、49m 和 128m 分别进行规定，构件耐火、安全疏散和消防救援等均与建筑高度有关。对于建筑高度大于 100m 的建筑，其主要承重构件的耐火等级极限要求的对比如表 2-2-3 所示。

世界几个国家高度大于 100m 的建筑主要承重构件耐火极限的要求（h）　　表 2-2-3

构件	中国	美国	英国	法国
柱	3.00	3.00	2.00	2.00
承重墙	3.00	3.00	2.00	2.00
梁	2.00	2.00	2.00	2.00
楼板	2.00	2.00	2.00	2.00

特别说明：2018 年我国对高度大于 250m 的超高层提出了更高要求。

《建筑高度大于250米民用建筑防火设计加强性技术要求》（公消［2018］57号）2018年4月10日实行

第二条　建筑构件的耐火极限除应符合现行《建筑设计防火规范》GB 50016的规定外，尚应符合下列规定：

1. 承重柱（包括斜撑）、转换梁、结构加强层桁架的耐火极限不应低于4.00h；

2. 梁以及与梁结构功能类似构件的耐火极限不应低于3.00h；

3. 楼板和屋顶承重构件的耐火极限不应低于2.50h；

4. 核心筒外围墙体的耐火极限不应低于3.00h；

5. 电缆井、管道井等竖井井壁的耐火极限不应低于2.00h；

6. 房间隔墙的耐火极限不应低于1.50h，疏散走道两侧隔墙的耐火极限不应低于2.00h；

7. 建筑中的承重钢结构，当采用防火涂料保护时，应采用厚涂型钢结构防火涂料。

（8）为了防止结构出现与起因不相称的破坏，可以采取各种适当的方法或技术措施，避免出现偶然事故，主要包括：

1）尽可能减少结构可能遭遇的危险因素；减少危险因素是指在结构设计阶段采取各种预防措施，如设置防撞保护、管道燃气系统合理布局、通过质量管理减少人为错误等。图2-2-16所示为常见的部分防撞击措施。

2）采用对可能存在的危险因素不敏感的结构类型。主要是指通过合理的结构布局和传力路径，使结构在可能的危险因素作用下，不致出现过大的不利作用效应；采用局部构件被移除或损坏时仍能继续承载的结构体系，可以通过主要构件移除后的计算分析加以识别。

3）避免采用无破坏预兆的结构体系。结构发生垮塌前出现的肉眼可见的位移变形或损坏的结构体系可称为有破坏预兆的结构体系，反之则称为无破坏预兆的结构体系。

4）增强结构整体的构造措施，如设置圈梁构造柱等，可以增强砌体结构的整体性，提高整体稳固性。

（9）此条就是提醒设计师要防止结构因偶然事故发生连续倒塌。结构防连续倒塌的设计难度和代价很大，目前一般结构只需进行防连续倒塌的概念设计。当结构发生局部破坏时，如果不引起大范围倒塌，即认为结构具有整体稳定性。结构的延性、荷载传递途径的多重重要性以及结构体系的超静定性，均能增强结构的整体稳定性。《混凝土结构设计规范》GB 50010-2010（2015版）给出了相关要求。

（10）今后结构抗倒塌设计可以参考《建筑结构抗倒塌设计规范》CECS 392的相关规定。

（11）几个连续垮塌工程案例分析

连续垮塌是指结构在偶然荷载（如强震、撞击、爆炸、火灾、人为破坏等非常规荷载）作用下发生局部破坏而形成初始损伤，导致结构发生内力重分布而形成连锁反应，最终致使结构部分或全部倒塌。连续倒塌一旦发生，往往会造成很严重的生命财产损失。

我国的结构抗倒塌设计，最早还要追溯到20世纪70年代提出的“大震不倒”的抗震设计基本准则，根据二阶段的设计要求，主要从限制结构变形和采取必要的抗震构造措施

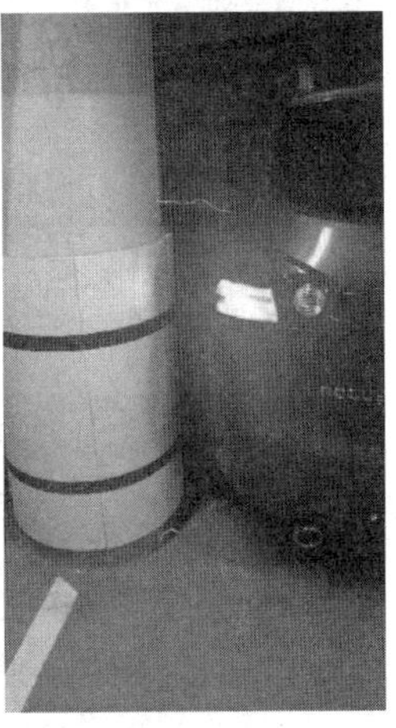

图 2-2-16　常见的部分防撞击措施

来实现，主要属于概念设计范畴。而随着“9·11”恐怖事件（图 2-2-17）、“5·12”汶川大地震（图 2-2-18）的发生，房屋倒塌所造成的巨大危害和负面影响被进一步认知，结构连续倒塌的概念和防连续倒塌的设计方法也得到了更多关注。

图 2-2-17 美国“9·11”恐怖事件部分图片

图 2-2-18 “5·12”汶川大地震部分房屋倒塌

钢结构在大跨、复杂空间结构中有广泛应用，随着形体造型艺术的不断提升，以及建筑功能要求的不断增加，实际工程往往存在跨度大、不规则性强、长细比大等问题，可能会造成结构抗倒塌能力的不足，需要进行特殊的安全性验证。

对近年来钢结构倒塌事故进行梳理，发现大跨厂房、复杂公建的倒塌占多数，造成倒塌的原因有撞击爆炸、火灾、超载、局部缺陷、施工及改造不当等。这些工程事故，是钢结构抗倒塌设计的经验与教训。

【垮塌案例 1】在建混凝土工程倒塌

2019 年 10 月 12 日美国新奥尔良市中心一栋 18 层在建建筑施工期间突然倒塌（图 2-2-19）。倒塌后，政府给出的紧急建议是："建筑物的框架是稳定的，但没有支撑，因此情况被认为是危险的，强烈建议居民避开该区域，直至另行通知。"之后当地政府对危楼进行了定向爆破处理。

图 2-2-19　倒塌相关图片

【垮塌案例 2】在建钢结构工程突然垮塌

国内某大跨钢结构施工期间突然整体垮塌，主要原因是施工期间没有采用临时措施，结构整体稳定被破坏。图 2-2-20 所示为倒塌图片。

图 2-2-20　大跨钢结构施工时倒塌

【垮塌案例 3】改造工程倒塌

2020 年 3 月 7 日 19 时 05 分福建泉州某酒店整体突然垮塌。这个可以说是近年国内改造工程倒塌最严重的事件之一，社会影响巨大。

2020 年年初在全国人民全力以赴抗击疫情期间，泉州某酒店作为防疫隔离人员的场所突然垮塌，倒塌后现场航拍照片如图 2-2-21 所示。

图 2-2-21　倒塌后现场航拍照片

根据 2018 年 4 月 12～14 日对该工程的结构检验鉴定：该楼原为四层钢框架结构（建于 2014 年），原钢框架采用钢承板与混凝土组合楼板，增设的夹层采用现浇钢筋混凝土楼板，基础采用柱下钢筋混凝土独立基础。后期增设三层夹层，现状为七层钢框架结构房屋。

1. 建筑物基本情况

该酒店建筑物位于泉州市，建筑面积约 6693m^2，实际所有权归泉州市新星机电工贸有限公司，未取得不动产权证书。建筑物东西方向长 48.4m，南北宽 21.4m，高 22m，北侧通过连廊与二层停车楼相连（图 2-2-22）。该建筑物所在地土地所有权于 2003 年由集体所有转为国有；2007 年 4 月，原泉州市国土资源局与泉州鲤城新星加油站签订土地出让合同后，于 2008 年 2 月颁给其土地使用权证；2014 年 12 月，土地使用权人变更为泉州市新星机电工贸有限公司。该公司在未依法履行任何审批程序的情况下，于 2012 年 7 月，在涉事地块新建一座四层钢结构建筑物（一层局部有夹层，实际为五层）；于 2016 年 5 月，在该酒店建筑物内部增加夹层，由四层（局部五层）改建为七层；于2017年7月，对第四、五、六层的酒店客房等进行了装修。事发前建筑物各层具体功能布局为：建筑物一层自西向东依次为酒店大堂、正在装修改造的餐饮店（原为便利店）、华宝汽车展厅和好车汇汽车门店；二层（原北侧夹层部分）为华宝汽车销售公司办公室；三层西侧为酒店餐厅，东侧为琴悦足浴中心；四层、五层、六层为酒店客房，每层22间，共66间；七层为酒店和华胜车行员工宿舍；建筑物屋顶上另建有约40m^{2}的业主自用办公室、电梯井房、4个塑料水箱、1个不锈钢消防水箱。

图 2-2-22 事故发生时建筑物及周边环境情况还原图

2019年9月，该酒店建筑物一层原来用于超市经营的两间门店停业，准备装修改作餐饮经营。2020年1月10日上午，装修工人在对1根钢柱实施板材粘贴作业时，发现钢柱翼缘和腹板发生严重变形（图2-2-23），随即将情况报告给杨某。杨某检查发现另外2根钢柱也发生了变形，要求工人不要声张，并决定停止装修，对钢柱进行加固，因受春节假期和疫情影响，加固施工未实施。3月1日，杨某组织工人进场进行加固施工时，又发现3根钢柱变形。3月5日上午，开始焊接作业。3月7日17时30分许，工人下班离场。至此，焊接作业的六根钢柱中，五根焊接基本完成，但未与柱顶楼板顶紧，尚未发挥支撑及加固作用，另一根钢柱尚未开始焊接，直至事故发生。

(a) 模型

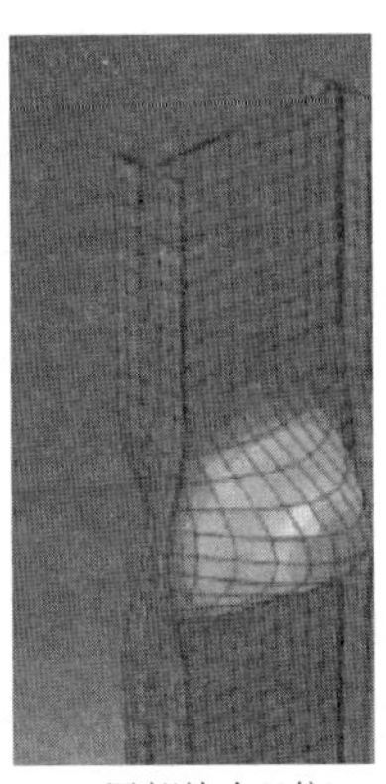

(b) 局部放大(4倍)

(c) 钢柱翼缘

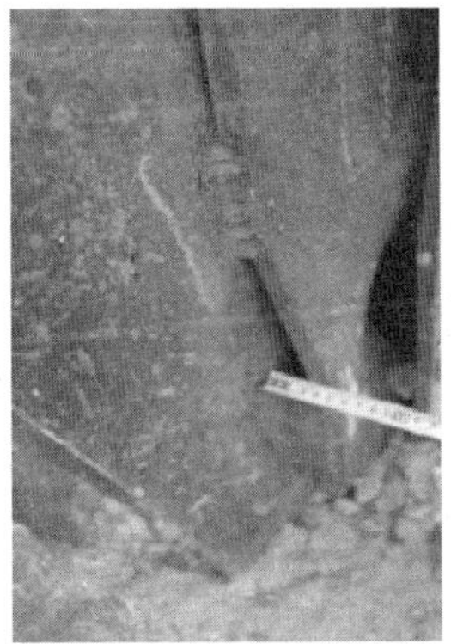

(d) 腹板

图 2-2-23 钢柱板件局部弯曲缺陷

该工程全生命周期的全过程如图 2-2-24 所示。

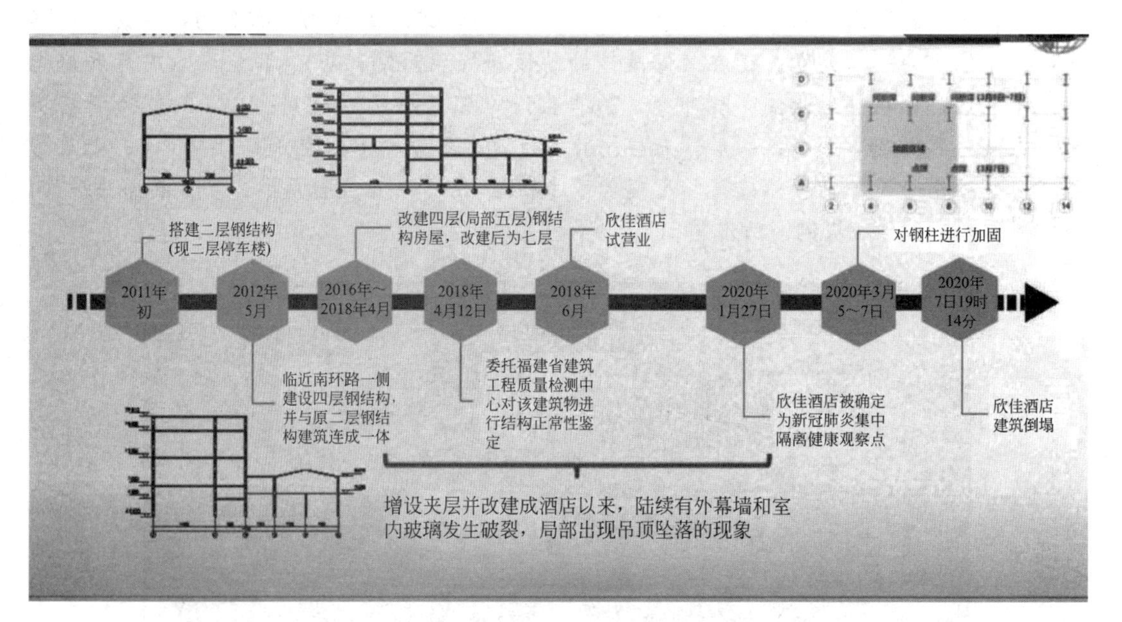

图 2-2-24　工程全生命周期的全过程

2. 事故直接原因

2020 年 7 月国务院事故调查组通过深入调查和综合分析，认定事故的直接原因如下：

（1）事故单位将该酒店建筑物由原四层违法增加夹层改建成七层，达到极限承载能力并处于坍塌临界状态，加之事发前对底层支承钢柱违规加固焊接作业引发钢柱失稳破坏，导致建筑物整体坍塌。事故调查组通过对事故现场进行勘查、取样、实测，并委托国家建筑工程质量监督检验中心、国家钢结构质量监督检验中心、清华大学等单位进行检测试验、结构计算分析和破坏形态模拟，逐一排除了人为破坏、地震、气象、地基沉降、火灾等可能导致坍塌的因素，查明了事故发生的直接原因。

（2）增加夹层导致建筑物荷载超限。该建筑物原四层钢结构的竖向极限承载力是 52000kN，实际竖向荷载 31100kN，达到结构极限承载能力的 60%，正常使用情况下不会发生坍塌。增加夹层改建为七层后，建筑物结构的实际竖向荷载增加到 52100kN，已超过其 52000kN 的极限承载能力，结构中部分关键柱出现了局部屈曲（局部屈曲指结构、构件或板件达到受力临界状态时在其刚度较弱方向产生的一种较大变形），以及屈服损伤（屈服损伤指钢材屈服后的塑性变形、硬化等损伤，此变形在卸下荷载作用后不会恢复），如图 2-2-25 所示，虽然通过结构自身的内力重分布仍维持平衡状态，但已经达到坍塌临界态，对结构和构件的扰动都有可能导致结构坍塌。因此，建筑物增加夹层和竖向荷载超限是导致坍塌的根本原因。

（3）焊接加固作业扰动引发坍塌。在焊接加固作业过程中，因为没有移走钢柱槽内的原有排水管，造成贴焊的位置不对称、不统一，焊缝长度和焊接量大，且未采取卸载等保护措施，热胀冷缩等因素造成高应力状态钢柱内力（钢柱轴向压力、弯矩、剪力等，统称内力）变化扰动，导致屈曲损伤扩大，钢柱加大弯曲，水平变形增大，荷载重分布引起钢柱失稳破坏（受力结构或构件丧失稳定平衡而发生的破坏，如轴向受压的细长直杆当压力过大时，可

(a) 正面

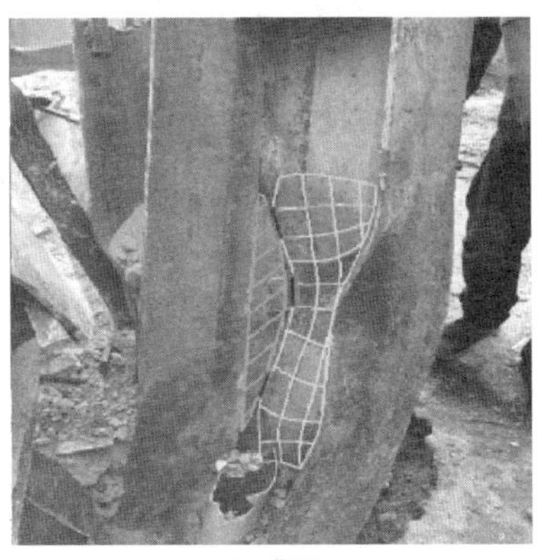

(b) 背面

图 2-2-25 C6 钢柱屈曲变形与加固焊接情况示意

能会突然变弯，失去原来直线形式的平衡状态，无法继续承载），最终打破建筑结构处于临界的平衡态，引发连续坍塌。通过技术分析及对焊缝冷却时间验证，焊缝冷却至事故发生时温度（20.1℃）约 2h，此时钢柱水平变形达到最大，与事故当天 17 时 10 分工人停止焊接施工至 19 时 14 分建筑物坍塌的间隔时间基本吻合。图 2-2-26 所示为倒塌现场部分照片。

图 2-2-26 现场倒塌部分图片

（12）建筑结构防连续倒塌设计可采用的方法

目前国内外规范给出的抗连续倒塌的设计方法包括概念设计法、拉结强度设计法、拆除构件法、关键构件设计法。其中，拆除构件法的可操作性最强，主要通过拆除某个构件，分析剩余结构的响应，来评估结构的抗倒塌能力。初始损伤所在的构件以及其他重要构件，可作为待拆构件。

1）抗连续倒塌概念设计应符合下列要求：

① 通过必要的结构连接，增强结构的整体性；

② 主体结构宜采用多跨规则的超静定结构；

③ 结构构件应具有适宜的延性，避免剪切破坏、压溃破坏、锚固破坏、节点先于构件破坏；

④ 结构构件应具有一定的反向承载能力；

⑤ 周边及边跨框架的柱距不宜过大；

⑥ 转换结构应具有整体多重传递重力荷载途径；

⑦ 钢筋混凝土结构梁柱宜刚接，梁板顶、底钢筋在支座处宜按受拉要求连续贯通；

⑧ 钢结构框架梁柱宜刚接；

⑨ 独立基础之间宜采用拉梁连接。

2）待拆构件的选择

虽然结构中的所有构件都可能受偶然荷载作用而形成初始损伤，但并非每个构件失效都会引起连续倒塌，对所有构件都进行拆除分析还会极大降低分析效率。所以，需要采用合适的方法选取待拆构件。

实际工程中，概念判别和敏感性分析结合的方法应用较多。前者是通过结构体系、传力体系、受力情况分析进行构件优选；后者则是通过软件计算进行敏感性分析，量化杆件的重要性。

当偶然事件产生特大荷载时，按荷载效应的偶然组合进行设计以保证结构体系完整无缺，往往经济代价太高，有时甚至也不现实。此时，可采用允许局部爆炸或冲击引起结构发生局部破坏，在某个竖向构件失效后，使影响范围仅限于局部。按新的结构简图采用梁、悬索、悬臂的拉结模型继续承载受力（图 2-2-27），使整个结构不发生连续倒塌的原则进行复核，从而避免结构的连续倒塌或整体垮塌。显然这种结构模型更适合于钢结构体系。

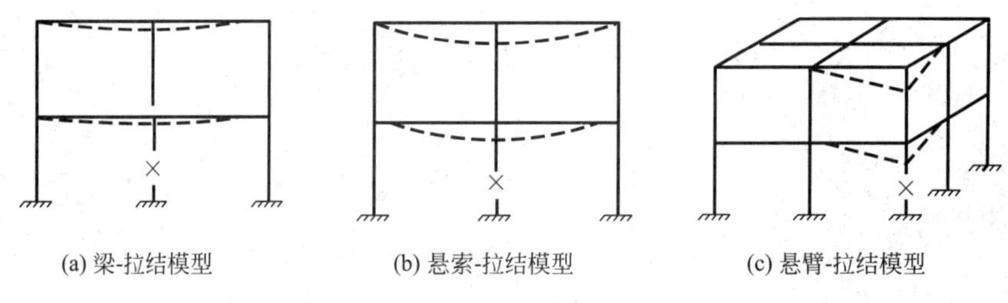

(a) 梁-拉结模型　　(b) 悬索-拉结模型　　(c) 悬臂-拉结模型

图 2-2-27　拉结构件法中剩余结构体系的抗连续倒塌模型

（13）几个进行了防连续倒塌设计的工程案例

【工程案例 1】笔者 2012 年主持的北京某超限复杂高层建筑

1. 工程概况

北京大兴区新城核心区某地块商业金融用地项目为北京某公司开发建设的集商业和办公于一体的城市综合体。

本工程地上部分由多层商业（3 层）、高层酒店（14 层）及超高层办公楼（28 层）组成，结合建筑方案在±0.000 及以上的适当位置设置防震缝。地下为整体地库（4 层），主要建筑功能为商业、机房及车库。地下三、四层局部为甲类人防工程，防护等级为六级

(即防常规武器抗力等级为六级，防核武器抗力等级为六级)，战时为人员掩蔽及物资库。

本工程超限的是高层办公楼部分。地上28层，地下4层，房屋高度为116.800m（室外地面至主要结构屋面)，幕墙高度为124m。地上建筑面积为51204m²，地下建筑面积为16800m²，总建筑面积为68004m²。本工程±0.000绝对高程为39.400m，无室内外高差。结构抗浮设防水位标高及外挡土墙计算水位32.000m（相对标高−7.400m)。主楼与裙房间地上设防震缝。图2-2-28所示为工程效果图，图2-2-29所示为工程平面图，图2-2-30所示为工程标准层结构平面图。

图2-2-28　超限高层办公楼效果图

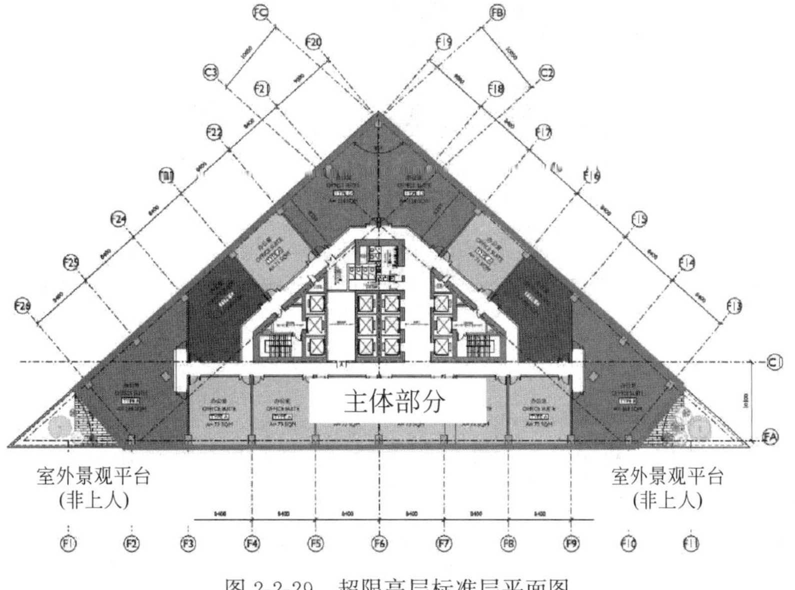

图2-2-29　超限高层标准层平面图

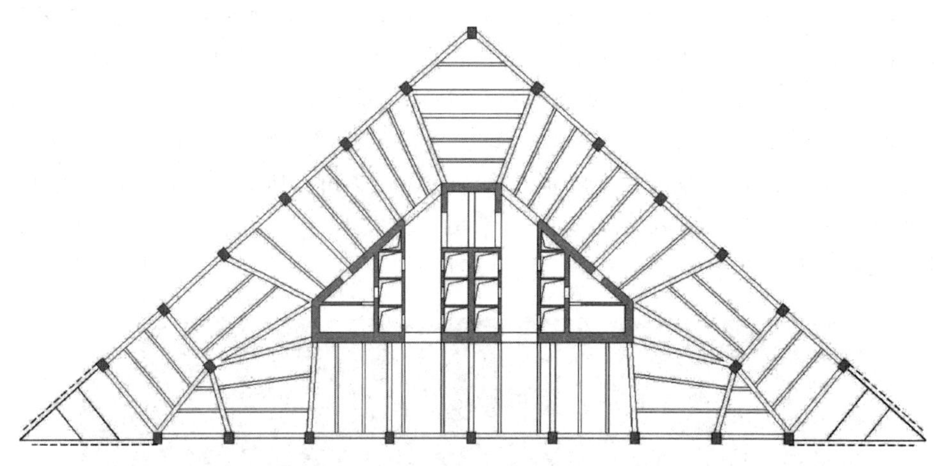

图 2-2-30 超限高层标准层结构平面图

限于篇幅，在此对整个结构计算分析及超限审查主要内容不进行叙述，仅详细介绍本工程 2 个角部型悬挂结构防连续倒塌设计相关内容。

2. 悬挂结构专项分析

(1) 结构布置与连接设计原则

本项目的悬挂采用钢-混凝土组合结构体系，悬挂构件采用高强钢拉杆。悬挂平台根据建筑专业要求，局部设置种植屋面。悬挂结构与主体结构间采用铰接形式，如图 2-2-31 所示。

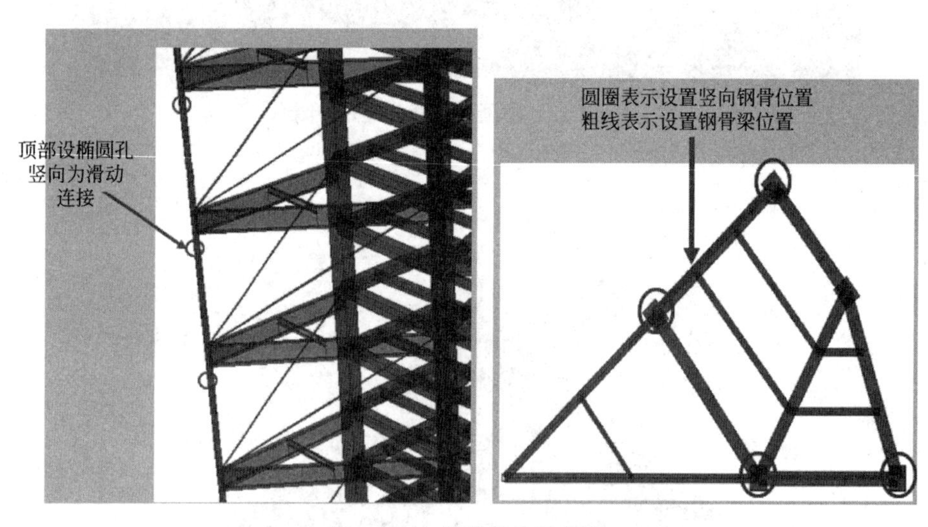

图 2-2-31 悬挂结构示意图

钢拉杆与水平钢梁的角度约为 30°。

各个平台间端部设置竖向连接构件。悬挂结构属于几何非线性体系，为避免形成整体空间桁架形式，对顶部主体构件产生较大的累积拉力，在图 2-2-32 圆圈所示部位设置沿竖向的椭圆孔，即竖向钢柱与顶部水平钢梁间水平方向为铰接，竖向为滑动连接。主要结构构件尺寸及材料性能见表 2-2-4。

主要钢构件尺寸及材料强度 表 2-2-4

项目	主要尺寸(mm)	材料	备注
室外钢梁	1200×400×18×30	Q345B	
室内钢梁	400×200×8×13	Q345B	
钢拉杆	ϕ120	345 级	屈服强度 345MPa 破断强度 470MPa

(2) 性能设计要求

悬挑结构属于超静定次数较少的结构形式，因此在设计中要适当加强安全措施。针对本项目的悬挂结构，设定的性能设计方法如下：

1) 设计中除重力荷载外，还应考虑竖向地震作用，并按照中震弹性设计关键的拉杆及连接节点；

2) 悬挂结构产生的全部拉力由设置的竖向钢骨（通长）及水平钢梁（钢筋混凝土主框架梁内）承担，如图 2-2-32 所示。

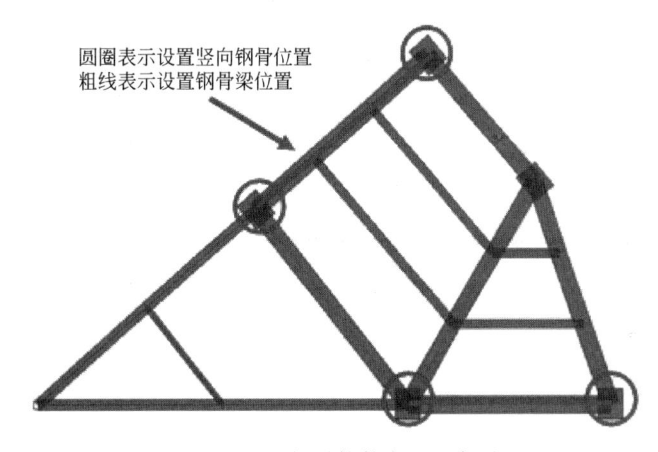

图 2-2-32 钢骨构件布置示意图

3) 进行防连续倒塌设计，即任意一组钢拉杆失效后，该平台的全部重力荷载应可以由上一组平台承担。其中，重力荷载及竖向地震（中震）均取标准值，无荷载分项系数。钢梁强度取屈服强度标准值，钢拉杆强度取 0.85 倍破断力。

由于钢拉杆属于非刚性结构，因此分析时应采用几何非线性计算模式。本项目采用 SAP2000v15 计算。

(3) 分析结果

根据前述 (2) 的性能设计要求，基于几何非线性，经多工况分析，钢梁及钢拉杆的应力情况如表 2-2-5 所示。钢梁均按拉压弯构件考虑。

钢构件在各工况下的应力情况 表 2-2-5

工况	中震+重力荷载	防连续倒塌状态
室外钢梁应力比	0.27	0.31
室内钢骨梁应力比	0.22	0.43

续表

工况	中震+重力荷载	防连续倒塌状态
钢拉杆应力/屈服强度	0.16	0.31
钢拉杆应力/破断力	0.12	0.23

在重力荷载条件下，悬挂结构端部的竖向位移为3.7mm，均可以满足性能设计要求。

（4）施工顺序分析

由于本工程高度较高，在考虑施工顺序的情况下，竖向构件的累积竖向变形如图2-2-33所示，逐层增大，因此钢拉杆的拉力也自下而上增大，端点竖向变形自下而上也逐渐增大。

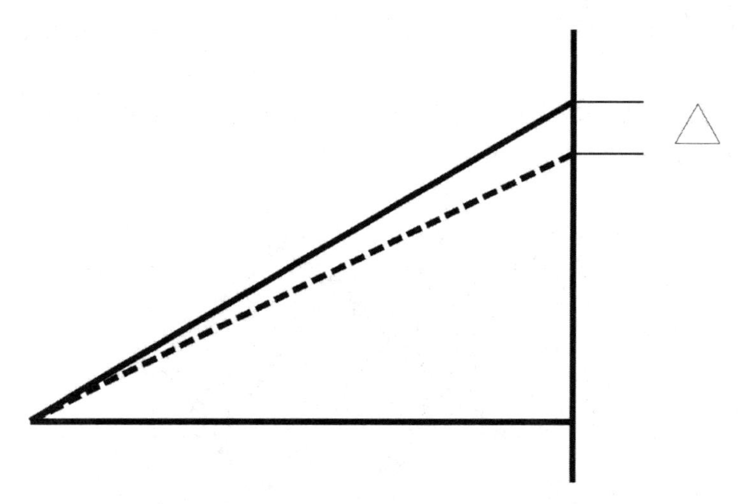

图2-2-33　施工模拟示意图

施工顺序可分为三种情况：

1）工况一：不考虑施工顺序的影响。

2）工况二：水平平台随主楼施工，待主楼结构封顶后再安装所有的拉杆。即不考虑主体结构自身产生的竖向变形差，只考虑室外平台对主体结构产生的竖向变形差。

3）工况三：水平平台及拉杆安装均随主楼施工。即同时考虑主体结构自身产生的竖向变形差，以及室外平台对主体结构产生的竖向变形差。

分析结果如表2-2-6所示。

钢构件在各施工顺序工况下的应力情况　　表2-2-6

项目	设防地震+重力荷载			防连续倒塌状态		
	工况1	工况2	工况3	工况1	工况2	工况3
室外钢梁应力比	0.27	0.27	0.28	0.31	0.32	0.32
室内钢骨梁应力比	0.22	0.22	0.25	0.43	0.43	0.50
钢拉杆应力比	0.16	0.17	0.19	0.31	0.32	0.38
钢拉杆应力/破断力	0.12	0.13	0.14	0.23	0.24	0.28

对比考虑施工顺序的影响情况见表 2-2-7。

施工顺序对钢构件的影响情况 表 2-2-7

项目	设防地震+重力荷载		防连续倒塌状态	
	工况 2/工况 1	工况 3/工况 1	工况 2/工况 1	工况 3/工况 1
室外钢梁应力比	1.00	1.02	1.03	1.04
室内钢骨梁应力比	1.01	1.13	1.00	1.16
钢拉杆应力	1.01	1.17	1.03	1.21

根据表 2-2-6、表 2-2-7 的数据可知，由于几何非线性效应，施工顺序对钢构件的内力重分布有一定的影响。

因此，建议采用工况二的施工模式，即水平钢梁可以随楼层安装，并设置妥善的施工措施。待主体竖向变形稳定后，再安装全部钢拉杆，以避免竖向累积变形引起的不利影响。且安装钢拉杆的顺序应自上而下逐层安装。若实际施工中根据工期要求有所调整，届时再根据进度进行更细致的施工顺序工况分析和施工安装措施控制。

【工程案例 2】2020 年 2 月，笔者审阅的一篇论文“某一中艺术楼结构设计”

1. 工程概况

某一中新校区艺术楼位于广州市，总建筑面积为 8422m^2，建筑高度为 21.4m，地上 5 层，首层层高 6.5m，二层层高 5.5m，与室外贯通形成开敞大空间，三层及以上楼层层高为 4.5m，主要为音乐、美术等教室及办公室，楼层中部为通高中庭，设计使用年限为 50 年，结构安全等级为二级，结构重要性系数 $\gamma_0=1.0$，抗震设防类别为丙类，抗震设防烈度为 7 度，设计地震分组为第一组，基本地震加速度 7 度（0.1g），建筑场地类别为Ⅱ类，场地特征周期为 0.35s。建筑效果图如图 2-2-34 所示，建筑剖面如图 2-2-35 所示。

图 2-2-34 建筑效果图

2. 结构体系及布置

艺术楼首层为报告厅且二层与室外贯通形成开敞大空间，故除 4 个角部楼梯间外，首

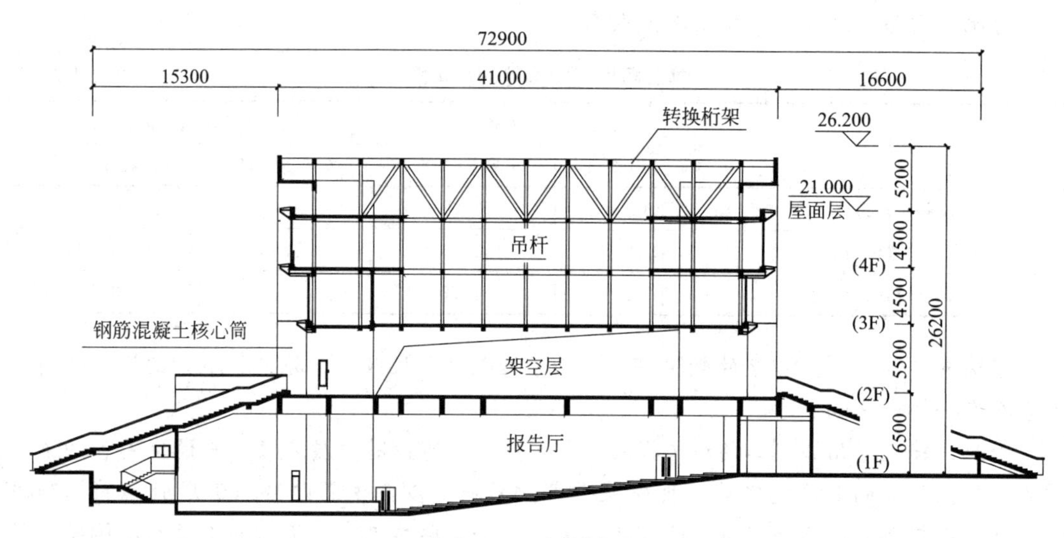

图 2-2-35 建筑剖面图

层及二层均不能设置竖向构件。为满足建筑功能要求，结构体系采用大跨度悬挂结构体系，利用 4 个角部的楼梯间设置现浇钢筋混凝土核心筒，并于屋面层设置大跨度转换钢桁架支承于角部核心筒上，三层～屋面层共三层楼板通过钢吊杆将荷载传递至屋面钢桁架，再经过 4 个角部核心筒传递至基础。整体结构的计算模型如图 2-2-36 所示。

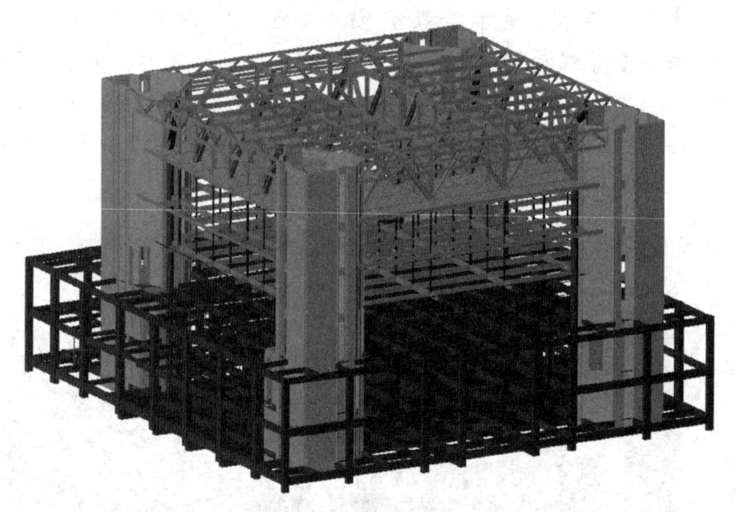

图 2-2-36 结构计算模型

屋面钢桁架平面图如图 2-2-37 所示。因转换桁架支座反力很大且集中，为保证竖向构件延性及满足局部承压要求，在核心筒墙体内设置了钢管混凝土柱作为桁架支座，核心筒壁厚均为 300mm。4 个核心筒之间共设置 4 榀主桁架，其余为次桁架，主次桁架杆件间连接均为刚接。桁架最大跨度为 35m，桁架高度则根据建筑造型均取为 5.29m。

结构典型楼层结构平面图（3 层）如图 2-2-38 所示。楼盖结构采用钢梁＋钢筋桁架楼承板的形式，钢梁均采用工字钢梁，主要跨度为 13.3m，截面高度为 500mm，楼承板厚度为 140mm。

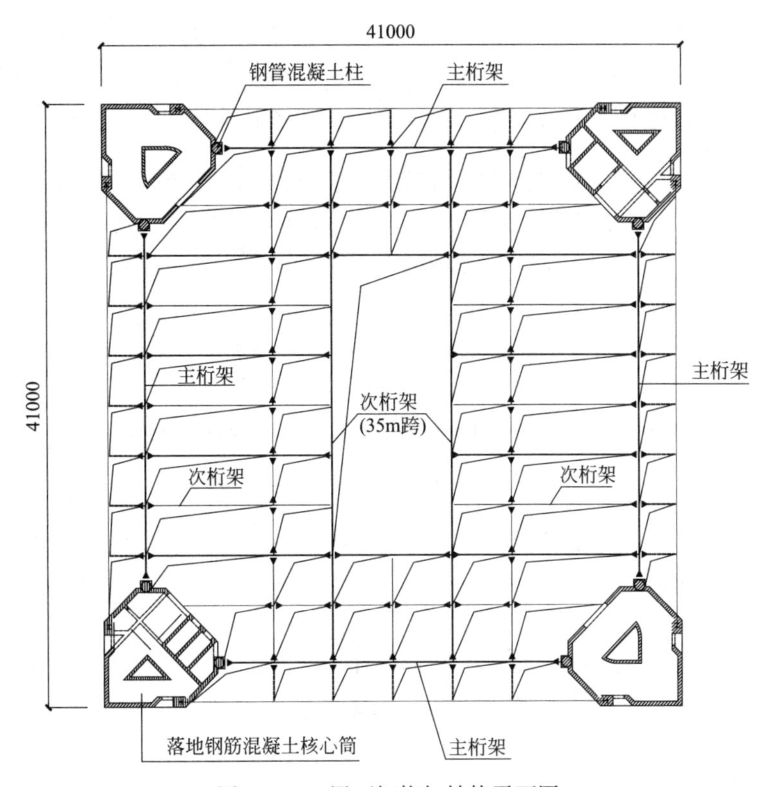

图 2-2-37 屋面钢桁架结构平面图

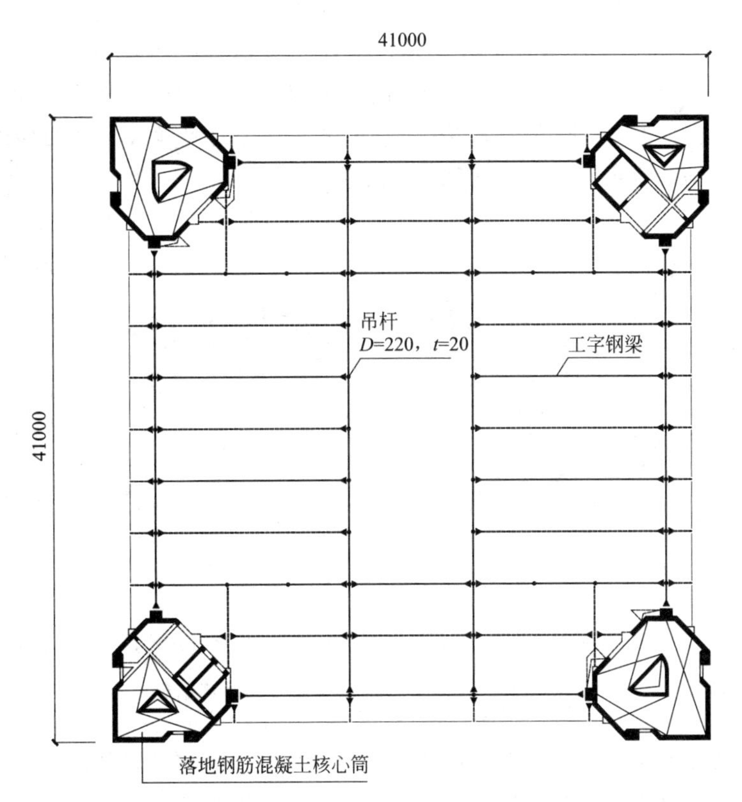

图 2-2-38 典型楼层结构平面图

屋面钢桁架及吊杆典型立面图如图 2-2-39 所示。桁架最大杆件截面为主桁架支座处斜腹杆，截面为 H600×500×42×42，最小杆件为跨中部位腹杆，截面为 H350×350×15×24。厚度≥40mm 时均要求采用不小于 Z15 级钢材。吊杆截面均为 ϕ220×20 圆钢管。

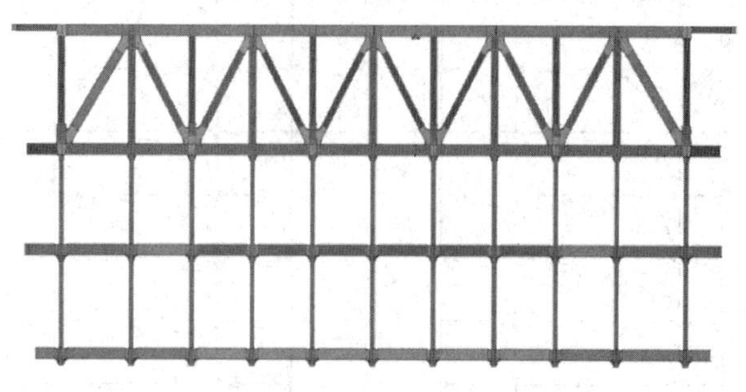

图 2-2-39　钢桁架及吊杆典型立面图

说明：限于篇幅，在此对整个结构计算分析主要内容不再叙述，仅详细介绍本工程结构防连续倒塌设计相关内容。

3. 抗连续倒塌分析

采用拆除构件法对结构进行抗连续倒塌分析，考虑任意一根吊杆失效后对整体结构的影响。荷载组合的效应值按《高层建筑混凝土结构技术规程》JGJ 3-2010 第 3.12.4 条规定取用。

计算采用静力非线性分析方法，首先模拟结构初始静力状态，在初始静力状态的基础上取消吊杆，模拟吊杆失效，分析剩余结构的响应。

以四层的一根吊杆 DG1 假设失效为例，DG1 失效后剩余的结构竖向变形如图 2-2-40 所示。由图可知，失效吊杆 DG1 周围结构的最大变形为 21mm，超过正常使用极限状态的变形限值 16mm，但变形增加的绝对值 5mm 不算多，对结构正常使用功能影响不算严重，剩余各吊杆轴向变形则均未达到限值，没有破坏。

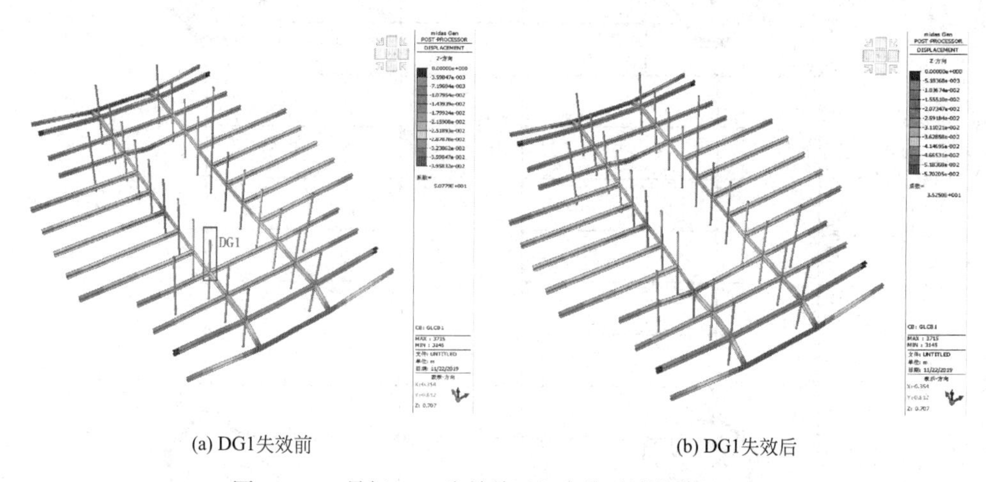

(a) DG1失效前　　(b) DG1失效后

图 2-2-40　吊杆 DG1 失效前后竖向位移计算结果对比

图 2-2-41 为吊杆失效前后四层各构件应力状态对比。可以发现，剩余吊杆应力仍有较大安全储备，钢梁应力小于规范规定的 1.25 倍材料标准值，满足《高层建筑混凝土结构

技术规程》JGJ 3-2010 第 3.12.5 条要求，说明吊杆 DG1 失效不会导致连续倒塌。

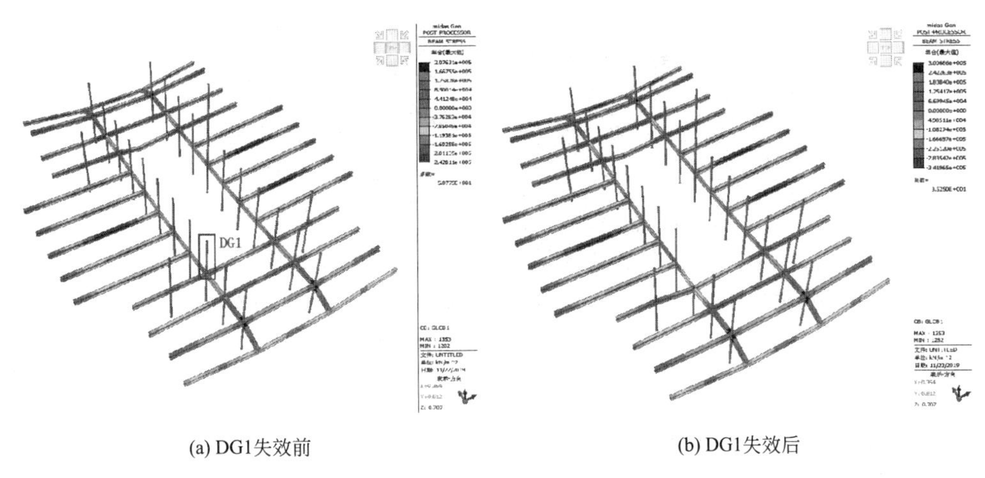

(a) DG1失效前　　(b) DG1失效后

图 2-2-41　吊杆 DG1 失效前后构件应力计算结果对比

【工程案例 3】2020 年 3 月，笔者审阅的一篇论文“亚洲金融大厦（亚投行）结构超限分析”

1. 结构概况

亚洲金融大厦（即亚洲基础设施投资银行总部永久办公大楼，以下简称“亚投行”），见图 2-2-42～图 2-2-44。项目位于北京中轴线上，北面为奥林匹克公园，周围分布有鸟巢、水立方、国家体育馆、国家会议中心等标志性建筑。本项目总建筑面积约 39 万 m^2，其中地上十三层，建筑面积约 25.7 万 m^2，地下三层，建筑面积约 13.3 万 m^2。结构南北向长约 244m，东西向宽约 181m，中间未分缝。B3～B1 层高分别为 4.0m、4.7m、6.47m，首层层高为 6.305m，第五、九、十三层层高为 6.525m，十六层高为 4.65m，其余层层高均为 4.5m。结构总高度为 79.65m。

图 2-2-42　亚洲金融大厦

由于“弓”楼面带有缺口，形成了多个主框架柱连续跨越 5 层层高的情况（图 2-2-45）。框架梁最大跨度为 27m，而梁高仅 1m。

图 2-2-43　亚投行大楼剖面效果

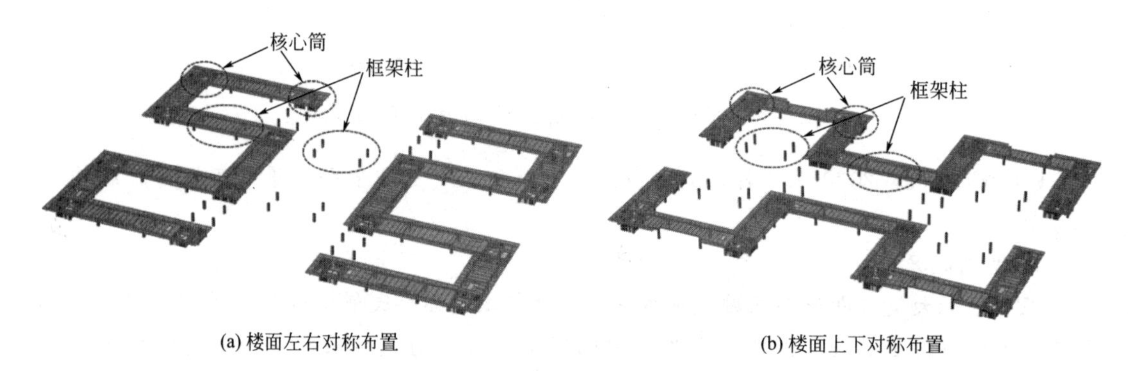

图 2-2-44　建筑平面布置示意

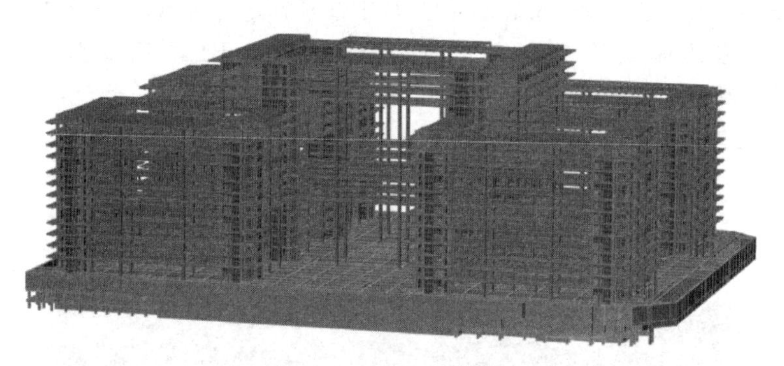

图 2-2-45　完整结构模型

核心筒围成的九宫格顶面布置有多个大跨度采光顶，侧面则布置了大跨幕墙。幕墙与采光顶均跨越了不同的核心筒，需要考虑水平工况下核心筒位移的不一致性。结构顶层布置有 51m 大跨桁架，下部悬挂两层，形成结构形式的一个变化。

限于篇幅，对整个结构计算分析主要内容不作叙述，读者可参阅《建筑结构》杂志等期刊。在此仅简要介绍本工程结构防连续倒塌设计相关内容。

2. 结构防连续倒塌分析

为验证本结构在主要支承构件失效状态下的安全度，分别对一根框架柱和两根框架柱失效的情况进行了弹塑性分析。计算采用 Abaqus Implicit 和 Explicit 模块接力进行。

图 2-2-46 所示为去除结构中部单根框架柱的分析结果，尽管结构发生了较大的变形

(最大 332mm),但结构稳定,未发生倒塌现象。

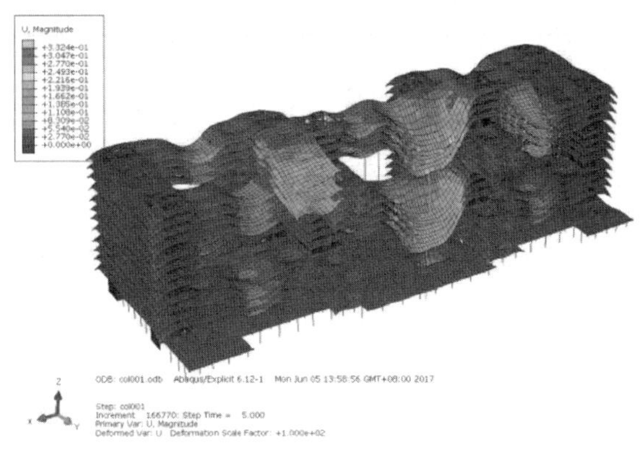

图 2-2-46　去除结构中部单根框架柱的分析结果

图 2-2-47 所示为去除角部单根框架柱的结果,结构变形 273.7mm 后稳定,亦未发生倒塌现象。

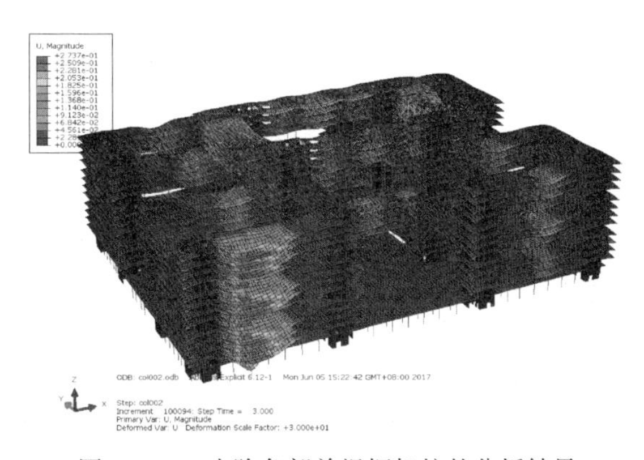

图 2-2-47　去除角部单根框架柱的分析结果

3. 分析结论

拆去一根直径 1500mm 的钢管混凝土框架柱是对结构的重大冲击,结构未发生倒塌,说明具备良好的抗连续倒塌能力。

2.1.4　根据环境条件对耐久性的影响,结构材料采取相应的防护措施。

延伸阅读与深度理解

(1)结构的耐久性是保证结构在设计工作年限内,能够正常使用的必要条件。而环境条件对耐久性具有重要影响,因此应当对结构所处的环境条件进行评估并采取适当措施。

(2)混凝土结构耐久性划分有哪些要求?如何合理应用?

依据《混凝土结构设计规范》GB 50010-2010(2015 版)第 3.5.2 条,混凝土结构的耐久性应根据环境类别和设计使用年限进行设计,环境类别的划分应符合表 2-2-8 的要求。

混凝土结构耐久性设计的环境类别 表 2-2-8

环境类别	条件
一	室内干燥环境； 永久的无侵蚀性静水浸没环境
二 a	室内潮湿环境； 非严寒和非寒冷地区的露天环境； 非严寒和非寒冷地区与无侵蚀性的水或土直接接触的环境； 严寒和寒冷地区的冰冻线以下与无侵蚀性的水或土直接接触的环境
二 b	干湿交替环境； 水位频繁变动区环境； 严寒和寒冷地区的露天环境； 严寒和寒冷地区冰冻线以上与无侵蚀性的水或土直接接触的环境
三 a	严寒和寒冷地区冬季水位变动区环境； 受除冰盐影响环境； 海风环境
三 b	盐渍土环境； 受除冰盐作用环境； 海岸环境
四	海洋环境
五	受人为或自然的侵蚀性物质影响的环境

注解：

1. 干湿交替作用的情况有多种多样。地面受液态介质作用，时干时湿属于干湿交替作用；基础和桩基础在地下水位变化的部分，有干湿交替作用；储槽、污水池、排水沟在液面变化的部位，也有干湿交替作用。

在介质的干湿交替作用下，材料会加速腐蚀，但不同的干湿交替作用情况，加速腐蚀的程度是不同的，如果干湿交替能产生介质的积聚、浓缩（如构件一个侧面与硫酸根离子液态接触，而另一个侧面暴露在大气中），则腐蚀速度加快。如果干湿交替作用基本上不能产生介质的积聚、浓缩（如土壤深处地下水位的变化对桩身的腐蚀），则腐蚀速度慢。由于干湿交替作用的情况不同，因此其加强防护的措施也有区别。

2. 非严寒和非寒冷地区与严寒和寒冷地区的区别主要在于无冰冻。关于严寒和寒冷地区的定义，《民用建筑热工设计规范》GB 50176 已有规定。严寒地区：最冷月平均温度低于或等于−10℃，日平均温度低于或等于5℃的天数不少于145d 的地区；寒冷地区：最冷月平均温度高于−10℃、低于或等于0℃，日平均温度低于或等于5℃的天数不少于90d 且少于145d 的地区。也可参考该规范附录 8 采用。各地可根据当地气象台站的气象参数确定所属气候区域，也可根据《建筑气象参数标准》提供的参数确定所属气候区域。

3. 三类环境主要是指近海、盐渍土及使用除冰盐的环境。滨海室外环境、盐渍土地区的地下结构、北方城市冬季依靠喷洒盐水消除冰雪而对立交桥、周边结构及停车楼，都可能造成钢筋腐蚀的影响。

4. 四类环境可参考现行国家行业标准《港口工程混凝土结构设计规范》JTJ 267。

5. 五类环境可参考现行国家标准《工业建筑防腐蚀设计标准》GB/T 50046-2018。

6. 交叉、叠加的情况不累积追加，由较不利情况决定，设计人应根据具体情况作出判断，进行选择。

7. 受除冰盐影响的环境是指受到除冰盐盐雾影响的环境。

8. 受除冰盐作用环境是指被除冰盐溶液溅射的环境以及使用除冰盐地区的洗车房、停车楼等建筑。

9. 严寒及寒冷地区的潮湿环境中，结构混凝土应满足抗冻要求，混凝土抗冻等级应符合有关标准的要求。

10. 处于二、三类环境中的悬臂构件宜采用悬臂梁-板的结构形式，或在其上表面增设防护层。

11. 处于二、三环境中的结构构件，其表面的预埋件、吊钩、连接件等金属部件应采取可靠的防锈措施。

12. 处在三类环境中的混凝土结构构件，可采用阻锈剂、环氧树脂涂层钢筋或其他具有耐腐蚀性能的钢筋，采取阴极保护措施或采用可更换的构件等措施。

13. 调查分析表明，国内超过100年的混凝土结构不多，但室内正常环境条件下实际使用70～80年的房屋建筑混凝土结构大多基本完好。因此在适当加严混凝土材料的控制、提高混凝土强度等级和保护层厚度并补充规定建立定期检查、维修制度的条件下，一类环境中混凝土结构的实际使用年限达到100年是可以得到保证的。

据资料统计，2010年我国的建筑平均寿命仅25～30年，而英国的建筑平均寿命为132年，美国的建筑平均寿命为70～80年，瑞士为70～90年，挪威为70～90年，日本为50年。有人误认为建筑平均寿命短是我国的结构安全设计问题所致，但实质上是基于以下原因：规划滞后、使用维护不及时导致结构耐久性差，材料选择、施工不当等原因是主要因素，与结构安全度高低没有直接关系。

【工程案例】笔者2019年主持设计的辽宁葫芦岛市某住宅工程

1. 工程概况

拟建场地位于辽宁省葫芦岛市葫芦岛经济开发区打渔山园区。该园区位于葫芦岛市连山东部沿海地区，锦州市与葫芦岛市接壤处，距离葫芦岛市中心仅10km，隶属于葫芦岛市连山区塔山乡。工程鸟瞰图见图2-2-48。

图2-2-48 工程鸟瞰图

2. 本工程地勘报告

本场地为填海而成，地下水与海水连通，海水对本工程建筑结构的腐蚀性可按地下水影响的最不利组合考虑，即地下水（海水）对混凝土结构具强腐蚀性，腐蚀性介质为硫酸盐；对钢筋混凝土结构中的钢筋具强腐蚀性，腐蚀性介质为氯化物。

3. 耐久性设计相关要求

依据《工业建筑防腐蚀设计标准》GB/T 50046-2018 相关规定，本工程地下结构（指与土壤或水接触的构件）均应考虑采取必要的防腐蚀措施：对于混凝土构件需要采用抗硫酸盐水泥，对于钢筋混凝土构件需要采用内掺钢筋阻锈剂。同时要求如下：

3.1 混凝土材料的基本要求

基本要求如表 2-2-9 所示。

混凝土材料基本要求 **表 2-2-9**

最低混凝土强度等级	C40
最小胶凝材料用量(kg/m^3)	340
最大水胶比	0.40
胶凝材料中最大氯离子质量比(%)	0.08
最大碱含量(kg/m^3)	3.0

注：1. 混凝土采用抗硫酸盐水泥；
2. 垫层材料可选用混凝土强度等级 C25（150mm）、聚合物水泥混凝土（100mm）。

3.2 混凝土结构最小保护层厚度

最小保护层厚度如表 2-2-10 所示。

混凝土结构最小保护层厚度要求 **表 2-2-10**

构件类别	强腐蚀
板、墙等面形构件	35mm
梁、柱等条形构件	40mm
基础	50mm
与腐蚀性介质直接接触的地下室外墙及底板的表面	50mm

3.3 基础与垫层的防护

基础与垫层的防护要求如表 2-2-11 所示。

基础与垫层的防护要求 **表 2-2-11**

腐蚀性等级	垫层材料	基础的表面防护
强	耐腐蚀材料	1. 环氧沥青或聚氯酯沥青涂层，厚度≥500μm； 2. 聚合物水泥砂浆，厚度≥10mm； 3. 树脂玻璃鳞片涂层，厚度≥300μm； 4. 环氧沥青或聚氨酯沥青贴玻璃布，厚度≥1mm

注：1. 可以依据当地情况，任选其中一种；
2. 与土或水接触的表面均需要。

3.4 混凝土灌注桩

本工程采用钻孔灌注桩。

说明：尽管《工业建筑防腐蚀设计标准》GB/T 50046-2018 提出强腐蚀不宜采用灌注桩，但结合当地地勘建议及甲方建议，笔者认为灌注桩更适合本工程。

但由于与规范相悖，所以当地审图专家提出如果本工程要采用灌注桩，建议甲方组织专项论证会为审图提供依据。于是甲方于 2020 年 6 月 13 日在北京组织了论证会，会议纪要摘录如下。

会议纪要

2020 年 6 月 13 日，甲方就首开国风海岸 B4-2 地块项目的钻孔灌注桩设计方案组织相关单位进行论证。本工程的地勘单位（中兵勘察设计研究院有限公司）、设计单位（北京天鸿圆方建筑设计有限责任公司）相关人员参加了会议，专家听取了设计院对设计方案的汇报，以及地勘单位对地质情况的介绍，并审阅了相关资料，经过质询和讨论，形成如下专家论证意见：

（1）方案设计资料齐全，符合论证要求。

（2）本工程采用钻孔灌注桩设计方案可行。

（3）建议补充以下防腐蚀加强措施：

1）水胶比不大于 0.40；

2）桩施工成孔不应出现负偏差，应确保钢筋保护层厚度不小于 55mm，保护层水泥砂浆垫块应适当加密，每 2～3m 对称设置 4 个（滚轴式）；

3）桩充盈系数不小于 1.1；

4）可不采用钢筋阻锈剂；

5）可采用掺加抗硫酸盐外加剂、矿物掺合料的普通 P・O 42.5 硅酸盐水泥，具体掺和比例通过试验确定。

桩身混凝土的基本要求见表 2-2-12。

桩身混凝土的基本要求　　表 2-2-12

项目 桩型	最低强度等级	最大水胶比	抗渗等级	钢筋最小保护层厚度(mm)	胶凝材料中C7 含量(%)	碱含量(kg/m^3)	胶凝材料最少用量(kg/m^3)
混凝土灌注桩	C30	0.50	≥P8	55	≤0.08	≤3.0	300

桩身防护要求：桩身混凝土需采用抗硫酸盐水泥，并掺入钢筋阻锈剂。

4. 关于本工程的钢筋阻锈剂

依据《钢筋阻锈剂应用技术规程》JGJ/T 192-2009 规定，本工程地下结构所处环境类别为Ⅲ类（海洋氯化物环境），环境作用等级为Ⅲ-D 级。

（1）混凝土工程可采用下列阻锈剂：

1）亚硝酸盐、硝酸盐、络酸盐、重络酸盐、磷酸盐、多磷酸盐、硅酸盐、钼酸盐、硼酸盐等无机盐类。

2）胺类、醛类、有机磷化合物、有机硫化合物、磺酸及其盐类、杂环化合物等有机化合物类。

3）可采用两种或两种以上无机盐类或有机化合物类阻锈剂复合而成的阻锈剂。

（2）内掺型钢筋阻锈剂的技术指标应符合表 2-2-13 的要求。

内掺型钢筋阻锈剂的技术指标　　表 2-2-13

<table>
<tr><th>环境类别</th><th colspan="2">检验项目</th><th>技术指标</th><th>检验方法</th></tr>
<tr><td rowspan="8">Ⅲ</td><td colspan="2">盐水浸烘环境中钢筋腐蚀面积百分率</td><td>减少 95%以上</td><td>《钢筋阻锈剂应用技术规程》JGJ/T 192-2009 附录 A</td></tr>
<tr><td rowspan="2">凝结时间差</td><td>初凝时间</td><td rowspan="2">−60～＋120min</td><td rowspan="4">现行国家标准《混凝土外加剂》GB 8076</td></tr>
<tr><td>终凝时间</td></tr>
<tr><td colspan="2">抗压强度比</td><td>≥0.9</td></tr>
<tr><td colspan="2">坍落度经时损失</td><td>满足施工要求</td></tr>
<tr><td colspan="2">抗渗性</td><td>不降低</td><td>现行国家标准《普通混凝土长期性能和耐久性能试验方法标准》GB/T 50082</td></tr>
<tr><td colspan="2">盐水溶液中的防锈性能</td><td>无腐蚀发生</td><td rowspan="2">《钢筋阻锈剂应用技术规程》JGJ/T 192-2009 附录 A</td></tr>
<tr><td colspan="2">电化学综合防锈性能</td><td>无腐蚀发生</td></tr>
</table>

注：1. 表中所列的盐水浸烘环境中的钢筋腐蚀面积百分率、凝结时间差、抗压强度比、抗渗性均指掺加钢筋阻锈剂混凝土与基准混凝土的相对性能比较；
2. 凝结时间差技术指标中“−”号表示提前、“＋”号表示延缓；
3. 电化学综合防锈性能试验仅适用于阳极型钢筋阻锈剂。

（3）阻锈剂掺量

1）外加剂掺量应以外加剂质量占混凝土中胶凝材料总质量的百分数表示。

2）外加剂掺量宜按供方的推荐掺量确定，应采用工程实际使用的原材料和配合比，经试验确定。当混凝土其他原材料或使用环境发生变化时，混凝凝土配合比、外加剂掺量可进行调整。

（4）进场检验

1）阻锈剂应按每 50t 为一检验批，不足 50t 时也应按一个检验批计。每一检验批取样量不应少于 0.2t 胶凝材料所需用的外加剂量。每一检验批取样应充分混匀，并应分为两等份：其中一份应按下述 2）规定的项目进行检验，每检验批检验不得少于两次；另一份应密封留样保存半年，有疑问时，应进行对比检验。

2）阻锈剂进场检验项目应包括 pH 值、密度（或细度）、含固量（或含水率）。

（5）施工要求

1）掺阻锈剂混凝土配合比设计应符合现行行业标准《普通混凝土配合比设计规程》JGJ 55 的有关规定。当原材料或混凝土性能要求发生变化时，应重新进行配合比设计。

2）掺阻锈剂或阻锈剂与其他外加剂复合使用的混凝土性能应满足设计和施工要求。

3）掺阻锈剂混凝土的搅拌、运输、浇筑和养护，应符合现行国家标准《混凝土质量控制标准》GB 50164 的有关规定。

4）混凝土在浇筑前，应确定钢筋阻锈剂对混凝土初凝和终凝时间的影响。

5）混凝土的搅拌、运输、浇筑、养护应符合现行国家标准《混凝土质量控制标准》GB 50164 的规定。

6）本工程严禁用地下水直接搅拌混凝土、砂浆等。

7）本工程严禁采用地下水直接养护混凝土等。

5. 其他要求

其他要求见《工业建筑防腐蚀设计标准》GB/T 50046-2018、《混凝土外加剂应用技术规范》GB 50119-2013 及《钢筋阻锈剂应用技术规程》JGJ/T 192-2009 的相关要求。

2.1.5 结构设计应包括下列基本内容：

1 结构方案；

2 作用的确定及作用效应分析；

3 结构及构件的设计和验算；

4 结构及构件的构造、连接措施；

5 结构耐久性的设计；

6 施工可行性。

延伸阅读与深度理解

（1）结构方案确定了结构体系的整体布局，是影响结构安全的最重要因素，而结构体系的核心是结构的整体稳固性。

（2）为了保证结构的整体稳固性，在结构设计时应当采取适当的措施，主要包括了本条所规定的几个方面。

（3）建筑与市政工程结构体系应根据工程抗震设防类别、抗震设防烈度、工程空间尺度、场地条件、荷载情况、地基条件、结构材料和施工条件等因素，经技术、经济和适用条件综合比较确定，并应符合下列基本规定：

1）应具有清晰、合理的地震作用传递途径。

合理的传力体系：良好的抗震结构体系要求受力明确、传力合理且传力路线不间断，使结构的抗震分析更符合结构在地震时的实际表现。但在实际设计中，建筑师为了达到建筑功能上对大空间、好景观的要求，常常精简部分结构构件，或在承重墙开大洞，或在房屋四角开门、窗洞，破坏了结构整体性及传力路径，最终导致地震时破坏。这种震害几乎在国内外的许多地震中都能发现，需要引起设计师的注意。

2）应具备必要的刚度、强度和耗能能力。

必要的侧向刚度：根据结构反应谱分析理论，结构越柔，自振周期越长，结构在地震作用下的加速度反应越小，即地震影响系数越小，结构所受到的地震作用就越小。但是，是否就可以据此把结构设计得柔一些，以减小结构的地震作用呢？

自 1906 年洛杉矶地震以来，国内外的建筑地震震害经验（如前所述）表明，对于一般性的高层建筑，还是刚比柔好。采用刚性结构方案的高层建筑，不仅主体结构破坏轻而且由于地震时结构变形小，隔墙、围护墙等非结构构件受到保护，破坏也较轻。而采用柔性结构方案的高层建筑，由于地震时产生较大的层间位移，不但主体结构破坏严重，非结构构件也大量破坏，经济损失惨重，甚至危及人身安全。所以，层数较多的高层建筑，不宜采用刚度较小的框架体系，而应采用刚度较大的框架-抗震墙体系、框架-支撑体系或筒中筒体系等抗侧力体系。

正是基于上述原因，目前世界各国的抗震设计规范都对结构的抗侧刚度提出了明确要求，具体的做法是，依据不同结构体系和设计地震水准，给出相应结构变形限值要求。

3）应具有避免因局部结构或构件破坏而导致整个结构丧失抗震能力或对重力荷载的承载能力。

结构薄弱层和薄弱部位的判别、验算及加强措施，应针对具体情况正确处理，使其确实有效：结构在强烈地震下不存在强度安全储备，构件的实际承载力分析（而不是承载力设计值的分析）是判断薄弱层（部位）的基础；要使楼层（部位）的实际承载力和设计计算的弹性受力之比在总体上保持一个相对均匀的变化，一旦楼层（或部位）的这个比例有突变，会由于塑性内力重分布导致塑性变形集中；要防止在局部上加强而忽视整个结构各部位刚度、强度的协调；在抗震设计中有意识、有目的地控制薄弱层（部位），使之有足够的变形能力又不使薄弱层发生转移，这是提高结构总体抗震性能的有效手段。

4）结构构件应具有足够的延性，避免脆性破坏。

结构体系应受力明确、传力合理、具备必要的承载力和良好延性，这是提高结构整体抗震能力的有效手段。结构设计应尽可能在建筑方案的基础上采取措施，避免薄弱部位的地震破坏导致整个结构的倒塌；如果建筑方案严重不规则，存在明显薄弱部位，则在现有经济技术条件下无法采取有效措施。

5）桥梁结构应有可靠的位移约束措施，防止地震时发生坠落，如图 2-2-49 所示。

图 2-2-49 城市桥梁常见的防坠落措施

（4）建筑工程的抗震体系应符合下列规定：

1）结构体系应具有足够的牢固性和抗风、抗震冗余度。

足够的冗余度：对于建筑抗风、抗震设计来说，防止倒塌是我们的最低目标，也是最重要和必须要得到保证的要求。因为只要房屋不倒塌，破坏无论多么严重也不会造成大量的人员伤亡。而建筑的倒塌往往是结构构件破坏后致使结构变为机动体系的结果，因此，结构的冗余度（即超静定次数）越多，进入倒塌的过程就越长。

从能量耗散角度看，在一定地震强度和场地条件下，输入结构的地震能量大体上是一定的。在地震作用下，结构上每出现一个塑性铰，即可吸收和耗散一定的地震能量。在整个结构变成机动体系之前，能够出现的塑性铰越多，耗散的地震输入能量就越多，就更能经受住较强地震而不倒塌。从这个意义上来说，结构冗余度越大，抗震安全度就越高。另外，从结构传力路径上看，超静定结构要明显优于静定结构。对于静定的结构体系，其传递水平地震作用的路径是单一的，一旦其中的某一根杆件或局部节点发生破坏，整个结构就会因为传力路线的中断而失效。而超静定结构的情况就好得多，结构在超负荷状态工作时，破坏首先发生在赘余杆件上，地震作用还可以通过其他途径传至基础，其后果仅仅是降低了结构的超静定次数，但换来的却是一定数量地震能量的耗散，而整个结构体系仍然是稳定的、完整的，并且具有一定的抗震能力。因此，一个好的抗震结构体系，一定要从概念角度去把握，保证其具有足够多的冗余度。

2）楼、屋面具有足够的面内刚度和整体性。采用装配式整体楼、屋面时，应采取措施保证楼、屋面的整体性及竖向抗侧力构件的连接。

3）基础应具有良好的整体性和抗转动能力，避免风作用、地震作用时基础转动加重建筑震害。

4）构件连接的设计与构造应能保证节点或锚固件的破坏不先于构件或连接的破坏。结构往往由许多构件组合构成，其连接构造的质量对结构整体稳固性和结构安全性有很大的影响。

（5）构件的承载力通过合理的强度计算能够得到保证，而由构件连接构成的结构体系，往往由于杆件之间连接薄弱，传力缺陷而造成结构解体，导致倒塌案例时有发生。如唐山地震与汶川地震中大量装配式楼房倒塌的主要原因就是预制板之间及与支承墙之间缺少可靠的连接构造，引起楼盖解体导致垮塌。汶川地震倒塌的预制楼板如图 2-2-50、图 2-2-51 所示。

图 2-2-50 绵阳市某中学教学楼

图 2-2-51 绵竹市某住宅楼

（6）施工的可行性

由于现在的设计人员严重脱离现场，缺少施工经验，再加上现在设计图采用平面表示法，设计出来的图往往就是纸上谈兵，实际工程有时难以满足设计要求，有的施工单位就克服困难按设计要求施工，但越难施工的地方往往就是施工质量难于保证的地方。这里的“施工可行性”绝对不是能施工就是可行，设计还应考虑施工的便利性。

【举例说明】目前城市里高层建筑及地下车库大都有肥槽回填问题，一般设计都不关注肥槽大小，统一要求采用素土或灰土分层夯实，压实系数不小于0.94。岂不知这样的要求在肥槽比较狭窄的情况下，是根本做不到的，如图 2-2-52 所示，一般肥槽宽度也就1000mm左右，如果有锚杆，扣除锚杆锚头及腰梁，最狭窄之处不到500mm。

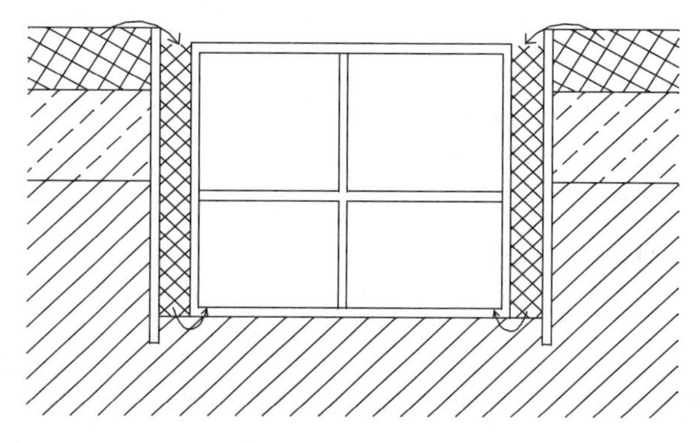

图 2-2-52　肥槽狭窄

遇到负责任的施工单位，此时不得不采用素混凝土回填肥槽，素混凝土不仅价格高，且易给今后管道维修等带来不便。遇到不负责任的施工单位，就稀里糊涂地按设计要求施工，检测资料只能“造假”。但造假的结果就是遇到暴雨导致车库上浮，此类案例近年时有发生。

【工程案例 1】国家游泳中心南广场地下冰场（2022 冬奥会场馆）肥槽回填问题

工程概况：拟建项目位于北京市朝阳区天辰东路 11 号，北京奥林匹克公园中心区中部，国家游泳中心（水立方）场馆南侧广场内，总占地面积为 14283m^2。具体如图 2-2-53 所示。

建筑功能：2022 年冬奥会冰壶场地以及冰场、冬奥文化展示区、服务配套设施用房。总建筑面积为 8221.3m^2，其中地下 8093m^2，地上 128.3m^2，地下一层（局部夹层）。为丙类体育建筑，设计使用年限 50 年，结构体系为框架-剪力墙。本工程地坑深度约 13m，肥槽宽度为 1～1.5m，原设计要求采用灰土或素土分层夯实，压实系数不小于 0.94。肥槽示意及现场支护如图 2-2-54 所示。

由于本工程地下结构占地面积大，施工场地狭小，肥槽深度为 13m，宽度仅 1～1.5m，支护方案为桩锚体系，实际可操作空间为 0.5～1.0m，肥槽回填工程量大、工期要求紧。施工单位提出：考虑工程的重要性和实际边界条件，建议甲方及设计院调整肥槽回填方案为“预拌流态固化土回填”。

2021 年 9 月 12 日总包单位及甲方共同邀请了勘察、地基专家及笔者对总包单位提出的方案进行评审，在听取了总包单位对项目实际情况的介绍及对建议方案的论述后，经专

图 2-2-53　地下冰场工程地理位置

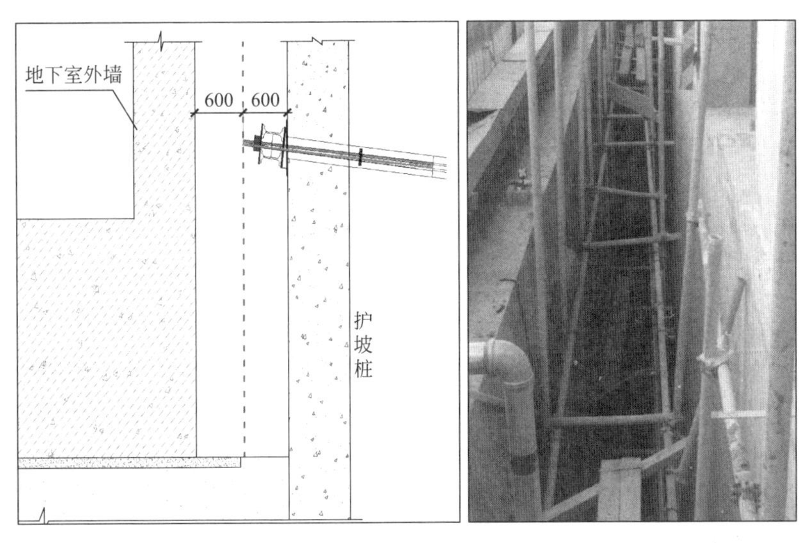

图 2-2-54　肥槽情况及现场支护示意

家质询并讨论一致认为：对于本工程原设计基坑肥槽采用灰土或素土，要求夯实系数达 0.94 是难以实现的，总包单位提出的采用预拌流态固化土回填方案是合适的。

【工程案例 2】钢筋密集问题

工程概况：本工程为一地下车库，覆土厚度为 1.8m，梁板结构，本工程在覆土施工完成后，发现部分柱头出现爆裂（图 2-2-55），于是笔者在 2017 年 11 月 25 日受邀去张家

图 2-2-55 柱顶破坏图片

口论证此质量问题的出现是否都是施工单位的问题。

这个问题完全是施工问题吗？笔者认为不能这样说，如果设计时考虑了钢筋密集问题，自然也就不会出现这样的情况了。设计人员没有施工现场经验，也根本没有考虑钢筋密集问题，笔者认为这其实就是设计采用平面表示法带来的不良后果。如果设计师画了钢筋排布图，自然可以避免这样的问题发生。

2.1.6 结构应按照设计文件施工，施工过程应采取保证施工质量和施工安全的技术措施和管理措施。

延伸阅读与深度理解

（1）这条强调施工质量及施工安全管理的每个环节都是保证结构安全不可缺少的。

（2）结构的安全性和适用性是在设计阶段就已经确定的。为实现结构的建设目标，施工必须按照设计文件施工，确保实现设计要求。施工安全是底线要求，包含脚手架、支模系统等的安全设计，对施工工况进行复核验算，制定切实可行的安全管理措施等。

（3）设计应根据现有技术条件（材料、工艺、机具等）考虑施工的可行性。对特殊结构应提出控制关键技术的要求，以达到设计目标。

（4）建议设计师依据 2018 年 5 月 17 日住房和城乡建设部办公厅发布的《危险性较大的分部分项工程安全管理规定》（住房和城乡建设部令第 37 号），对本工程涉及的危险性较大的部分有提出建议及意见的责任和义务，提醒施工单位注意以下几个方面：

1）危险性较大的分部分项工程范围

① 基坑工程

a. 开挖深度超过 3m（含 3m）的基坑（槽）的土方开挖、支护、降水工程。

b. 开挖深度虽未超过 3m，但地质条件、周围环境和地下管线复杂，或影响毗邻建、构筑物安全的基坑（槽）的土方开挖、支护、降水工程。

② 模板工程及支撑体系

a. 各类工具式模板工程：包括滑模、爬模、飞模、隧道模等工程。

b. 混凝土模板支撑工程：搭设高度 5m 及以上，或搭设跨度 10m 及以上，或施工总荷载（荷载效应基本组合的设计值，以下简称设计值）$10kN/m^2$ 及以上，或集中线荷载（设计值）15kN/m 及以上，或高度大于支撑水平投影宽度且相对独立无联系构件的混凝土模板支撑工程。

c. 承重支撑体系：用于钢结构安装等满堂支撑体系。

③ 脚手架工程

a. 搭设高度 24m 及以上的落地式钢管脚手架工程（包括采光井、电梯井脚手架）。

b. 附着式升降脚手架工程。

c. 悬挑式脚手架工程。

d. 高处作业吊篮。

e. 卸料平台、操作平台工程。

f. 异型脚手架工程。

④ 拆除工程

可能影响行人、交通、电力设施、通信设施或其他建、构筑物安全的拆除工程。

⑤ 暗挖工程

采用矿山法、盾构法、顶管法施工的隧道、洞室工程。

⑥ 其他

a. 建筑幕墙安装工程。

b. 钢结构、网架和索膜结构安装工程。

c. 人工挖孔桩工程。

d. 水下作业工程。

e. 装配式建筑混凝土预制构件安装工程。

f. 采用新技术、新工艺、新材料、新设备可能影响工程施工安全，尚无国家、行业及地方技术标准的分部分项工程。

2）超过一定规模的危险性较大的分部分项工程范围（以下范围需要组织专家论证）

① 深基坑工程

开挖深度超过 5m（含 5m）的基坑（槽）的土方开挖、支护、降水工程。

② 模板工程及支撑体系

a. 各类工具式模板工程：包括滑模、爬模、飞模、隧道模等工程。

b. 混凝土模板支撑工程：搭设高度 8m 及以上，或搭设跨度 18m 及以上，或施工总荷载（设计值）$15kN/m^2$ 及以上，或集中线荷载（设计值）20kN/m 及以上。

c. 承重支撑体系：用于钢结构安装等满堂支撑体系，承受单点集中荷载 7kN 及以上。

③ 脚手架工程

a. 搭设高度 50m 及以上的落地式钢管脚手架工程。

b. 提升高度在 150m 及以上的附着式升降脚手架工程或附着式升降操作平台工程。

c. 分段架体搭设高度 20m 及以上的悬挑式脚手架工程。

④ 拆除工程

a. 码头、桥梁、高架、烟囱、水塔或拆除中容易引起有毒有害气（液）体或粉尘扩散、易燃易爆事故发生的特殊建、构筑物的拆除工程。

b. 文物保护建筑、优秀历史建筑或历史文化风貌区影响范围内的拆除工程。

⑤ 暗挖工程

采用矿山法、盾构法、顶管法施工的隧道、洞室工程。

⑥ 其他

a. 施工高度 50m 及以上的建筑幕墙安装工程。

b. 跨度 36m 及以上的钢结构安装工程，或跨度 60m 及以上的网架和索膜结构安装工程。

c. 开挖深度 16m 及以上的人工挖孔桩工程。

d. 水下作业工程。

e. 重量 1000kN 及以上的大型结构整体顶升、平移、转体等施工工艺。

f. 采用新技术、新工艺、新材料、新设备可能影响工程施工安全，尚无国家、行业及地方技术标准的分部分项工程。

2.1.7 结构应按设计规定的用途使用，并应定期检查结构状况，进行必要的维护和维修。严禁下列影响结构使用安全的行为：

1 未经技术鉴定或设计许可，擅自改变结构用途和使用环境；

2 损坏或擅自变动结构体系及抗震设施；

3 擅自增加结构使用荷载；

4 损坏地基基础；

5 违规存放爆炸性、毒害性、放射性、腐蚀性等危险物品；

6 影响毗邻结构使用安全的结构改造与施工。

延伸阅读与深度理解

（1）本条对危害结构安全的行为作出禁止性规定，是非常明确的禁令。不同使用用途的结构，其结构体系、建筑布局和荷载取值都有很多差异、因此建筑结构必须按照设计规定的用途使用。擅自改变建筑结构用途与使用环境、增加或减少荷载、破坏地基基础及破坏减隔震设备等均会对结构带来安全问题。必须加以制止，笔者建议设计说明必须写上上述 6 条要求的说明。

（2）本条实际是由《混凝土结构设计规范》GB 50010-2010（2015 版）第 3.1.7（强条）与 3.5.8 条（非强条）及《建筑结构可靠性设计统一标准》GB 50068-2018 第 3.4.6 条（非强条）整合扩充而来。

（3）房屋建筑的安全取决于结构设计、施工质量和使用维护。设计与施工已有规范加以保证，而使用维护相对薄弱。在经济不发达的年代，房屋的用途相对稳定，而在市场经济发展的今天，房屋的归属及用途均经常发生变化。当建筑物改变结构的用途以及使用环境时，有可能引起结构上荷载和作用效应的增加（结构内力增加和变形的增加），或使用环境变化有可能引起结构的耐久性降低，应防止因此而产生的安全问题，避免影响人民生命财产的安全。

（4）不同使用用途、使用环境的结构，其结构体系、建筑布局和荷载取值都有很大差异，因此结构必须按照设计规定的用途使用。如果确实有变更使用用途的要求，则必须经过设计复核，并采取必要措施。

（5）各类建筑结构的设计使用年限并不一致，应按《建筑结构可靠性设计统一标准》GB 50068-2018 的规定取用，相应的荷载设计值及耐久性措施均应依据设计使用年限确定。改变用途和使用环境（如超载使用、增加开洞、改变使用功能、使用环境恶化等）的情况均会影响其安全及使用年限，必须经技术鉴定或设计复核，确认可以保证安全和耐久性后方能实行。如有必要，还应针对改变后的用途和使用环境采取必要的措施。在房屋建筑的归属关系发生变化并改变结构用途和使用环境时，尤其容易发生违反本条的情况，应予以特别注意。

【工程案例 1】某工程原设计为商场，现业主希望某些区域改为健身房、演出舞台、餐厅等。由于原商场的活荷载为 3.5kN/m^2，而健身房、演出舞台、餐厅的活荷载为 4.0kN/m^2。这就需要具有设计资质的设计单位对其进行校核。

【工程案例 2】某建筑原为地上停车楼，后来业主需要将其改为停放冬季喷洒冰盐的车库；原设计的使用环境类别为一类，修改后的车库使用环境为三 b 类。这种情况也需要设计单位对结构的耐久性进行重新校核。

【工程案例 3】2014 年 4 月 4 日上午 9 时，浙江宁波奉化市一幢 5 层居民房局部“粉碎性”倒塌（图 2-2-56），造成多人伤亡。该楼仅建成 20 年，此前已确定为 C 级危房，检测机构塌楼前一天称该楼还可住几年。

图 2-2-56　浙江宁波奉化市一幢 5 层居民楼倒塌

试想如果这栋楼在设计使用年限内定期检查、维护，就可以避免这个事故的发生。

【工程案例 4】业主随意改变建筑功能，增加荷载、私自改建等引起垮塌事故

2020 年 3 月 7 日 19 时 05 分福建泉州某酒店整体突然垮塌。该楼原为四层钢框架结构，使用过程中，业主增设三层夹层，现状为七层钢框架结构房屋，2020 年又私自违规改造，如图 2-2-57 所示。

图 2-2-57 倒塌部分图片

【工程案例 5】业主随意改变自家卫生间位置

2014 年，甲某装修自家房屋并入住。装修时，甲某改变房屋原户型，将客厅的卫生间拆除，拓宽客厅面积，又将厨房改为卫生间，导致卫生间正对楼下住户的厨房。2016 年，乙某购买甲某楼下的单元房屋，装修后于 2019 年入住。装修中，乙某发现有一根管道从楼上穿透楼板进入其厨房顶部区域，并一路拐入其主卫后接入卫生间主管完成排水（图 2-2-58)。入住后，乙某在厨房做饭时经常听见该管道的排水声音，内心十分不舒服。乙某于是将楼上邻居甲某起诉至法院，要求甲某将改为卫生间的厨房恢复原状。

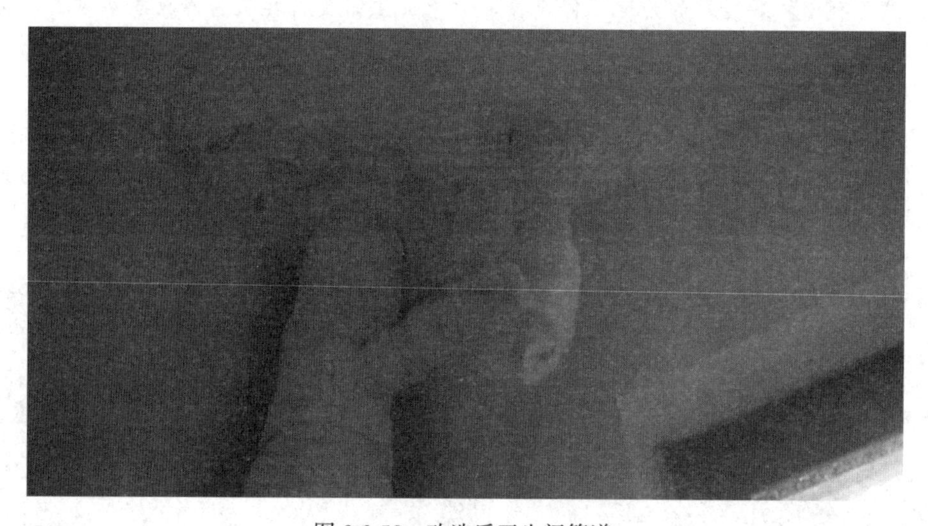

图 2-2-58 改造后卫生间管道

法院审理认为，厨房和卫生间的功能明确，对其建造有一定的特殊要求。《住宅设计规范》GB 50096-2011 第 5.4.4 条明确规定："卫生间不应直接布置在下层住户的卧室、起居室（厅)、厨房、餐厅的上层"。住房和城乡建设部在发布《住宅设计规范》GB 50096-2011 时明确规定该条为强制标准，必须严格执行。

根据上述规定，甲某不应将卫生间设置在下层厨房的上方。甲某将厨房改造成卫生间，不仅违反了国家强制标准的要求，亦有违公序良俗，给下层住户造成心理不适，对其居住生活会造成不良影响，甲某应恢复原状。

法院判决甲某于判决生效之日起三十日内，将其房屋中由厨房改造的卫生间恢复原状。

【知识拓展】

《中华人民共和国民法典》第二百七十二条规定："业主对其建筑物专有部分享有占有、使用、收益和处分的权利。业主行使权利不得危及建筑物的安全，不得损害其他业主的合法权益。"

基于以上案例分析，笔者建议设计说明必须写明上述 6 条要求。同时也应要求业主在设计工作年限内，对建筑结构进行定期检查维护。

2.1.8 对工程结构或构件进行拆除前，应制定详细的拆除计划和方案，并对拆除过程可能发生的意外情况制定应急预案。结构拆除应遵循减量化、资源化和再生利用的原则。

延伸阅读与深度理解

（1）本条从事前准备、生态环境安全和绿色节材角度对结构拆除提出要求。

（2）结构工程拆除应进行拆除方案设计，并应采取保证拆除过程安全的措施；预应力混凝土结构拆除尚应分析预应力解除程序。

（3）结构拆除应遵循减量化、资源化和再生利用的原则，并应制定废弃物处置方案；比如对于改造项目尽量减少拆除承重结构，能最大化利用。

（4）拆除工程的结构分析应符合下列规定：

1）应按短暂设计状况进行结构分析；

2）应考虑拆除过程中可能出现的最不利情况，特别是钢结构需要注意拆除过程的整体稳定性问题；

3）分析应涵盖拆除全过程，应考虑构件约束条件的改变而形成不稳定状态。

（5）拆除作业应符合下列规定：

1）应对周边建筑物、构筑物及地下设施采取保护、防护措施；

2）对危险物质、有害物质应有完善的处置方案和应急措施；

3）拆除过程严禁立体交叉作业；

4）在封闭空间拆除施工时，应有通风和对外沟通的措施；

5）拆除施工时发现不明物体和气体时应立即停止施工，并应采取临时防护措施。

（6）拆除作业应采取减少噪声、粉尘、污水、振动、冲击和环境污染的措施。

（7）机械拆除作业应根据建、构筑物的高度选择拆除机械，严禁超越机械有效作业高度或范围进行作业。拆除机械在楼盖上作业时，应由专业技术人员进行复核分析，并采取保证拆除作业安全的措施。

（8）结构采用逆向拆除技术时，应对拆除方案进行专项论证。

（9）拆除物的处置应符合下列规定：

1）对可重复利用的构件，应考虑其使用寿命和维护方法；

2）对切割的块体，应进行重复利用或再生利用；

3）对破碎的混凝土，应拟定再生利用计划；

4）对拆除的钢材、钢筋，应回收再生利用；

5）对多种采用的混合拆除物，应在取得建筑垃圾排放许可后再行处置。

2.2 安全等级与设计工作年限

2.2.1 结构设计时，应根据结构破坏可能产生的后果的严重性，采用不同的安全等级。结构安全等级的划分应符合表 2.2.1 的规定。结构及部件的安全等级不得低于三级。

表 2.2.1 安全等级的划分

安全等级	破坏后果	安全等级	破坏后果	安全等级	破坏后果
一级	很严重	二级	严重	三级	不严重

延伸阅读与深度理解

（1）结构破坏可能产生的后果可以从危及人的生命、造成经济损失、对社会或环境产生影响等方面进行综合评估。

（2）各类工程结构应按不同的安全等级进行设计，不同的安全等级的结构，其设计的可靠度水平不同。按工程结构构件破坏后果的严重性，即危及人的生命、造成的财产损失、社会环境影响等的严重程度划分为三个安全等级。

（3）本条是由《工程结构可靠性设计统一标准》GB 50153-2008 第 3.2.1 条（强条）及《建筑结构可靠性设计统一标准》GB 50068-2018 第 3.2.1 条（强条）整合而来。

（4）安全等级分为三个等级，分别对应重要结构、一般结构和次要结构。结构的重要性，主要是根据破坏后果和结构的使用频率进行判断。欧洲标准 EN 1990 附录 B 则从“结构破坏后果”和“结构可靠性水准要求”两个角度规定了结构分类，与我国规范的分类要求基本相同。国际标准 ISO 22111 第 7 条将结构分为四类，前三类与我国相同，增加的第四类是特例，其安全度水准需要根据项目实际情况设定。

IBC 的 1604.5 则将建筑结构的风险分类划分为四类，并且详细列举了各个类别的建筑结构类型。由于本规范面向的是所有工程结构，因此各行业领域的重要等级划分，可以按照本条的要求作出更为具体明确的分类规定。

（5）大量的一般结构宜列为二级，重要的结构应提高一级即一级，次要的结构可以降低一级（但不低于三级）。至于重要结构与次要结构的划分，则应根据工程结构的破坏后果，即危及人的生命、造成经济损失、对社会或环境产生影响等的程度确定。

（6）笔者认为表 2.2.1 的划分过于简单，建议参考《建筑结构可靠性设计统一标准》GB 50068-2018 第 3.2.1 条的表 3.2.1。

表 3.2.1 建筑结构的安全等级

安全等级	破坏后果
一级	很严重：对人的生命、经济、社会或环境影响很大
二级	严重：对人的生命、经济、社会或环境影响较大
三级	不严重：对人的生命、经济、社会或环境影响较小

（7）需提请注意的是，本规范未对房屋建筑结构抗震设计中的甲类、乙类建筑规定其具体的安全等级。但《工程结构可靠性设计统一标准》GB 50153-2008 建议抗震设防分类为甲、乙类建筑工程，安全等级宜按一级。《建筑结构可靠性设计统一标准》GB 50068-2018 也在条文说明中提到“建议抗震设防分类为甲、乙类建筑工程，安全等级宜按一级”。笔者认为对抗震设防类别为“乙类”的建筑安全等级可以按二级。类似工程案例很多，不再赘述。

（8）至于何为“大型的公共建筑等重要的结构”，笔者认为是很难界定的，只能结合工程各种边界条件与投资方协商确定，必要时可以通过专家论证确定。

（9）笔者建议除一般工业与民用建筑以外的特殊钢结构，其安全等级应根据具体情况另行确定。如跨度等于或大于 60m 的大跨度结构（如大会堂、体育馆、飞机库等大跨度屋盖承重结构），因属于破坏后果很严重的重要房屋，应取为一级。

2.2.2　结构设计时，应根据工程的使用功能、建造和使用维护成本以及环境影响等因素规定设计工作年限，并应符合下列规定：

1　房屋建筑结构的设计工作年限不应低于表 2.2.2-1 的规定。

表 2.2.2-1　房屋建筑结构的设计工作年限

类别	设计工作年限(年)
临时性建筑结构	5
普通房屋和构筑物	50
特别重要的建筑结构	100

2　公路工程结构设计工作年限不应低于表 2.2.2-2 的规定。

表 2.2.2-2　公路工程结构设计工作年限（年）

结构类别 \ 公路等级			高速公路、一级公路	二级公路	三级公路	四级公路
路面	沥青混凝土路面		15	12	10	8
	水泥混凝土路面		30	20	15	10
桥涵	主体结构	特大桥、大桥	100	100	100	100
		中桥	100	50	50	50
		小桥、涵洞	50	30	30	30
	可更换部件	斜拉索、吊索、系杆等	20	20	20	20
		栏杆、伸缩装置、支座等	15	15	15	15
隧道	主体结构	特长隧道	100	100	100	100
		长隧道	100	100	100	50
		中隧道	100	100	100	50
		短隧道	100	100	50	50
	可更换、修复构件	特长、长、中、短隧道	30	30	30	30

3　永久性港口建筑物的结构设计工作年限不应低于 50 年。

延伸阅读与深度理解

(1) 读者注意原“设计使用年限”调整为“设计工作年限”，这条主要是为了避免过去有人把“设计使用年限”误认为就是建筑结构的“寿命”等。当然更主要是与国际标准接轨。

(2) 工程结构的设计工作年限是指设计规定的结构或构件不需要进行大修即可按预定目的使用的年限，即工程结构在正常设计、正常施工、正常运维情况下应达到的年限。在设计工作年限内，结构应具有设计规定的可靠度水平。

(3) 虽然结构或构件的可靠度水平会随着设计工作年限的增加而降低，但在到达设计工作年限后，从技术上讲，并不意味着其已经完全失去继续使用的安全保障。结构或构件能否继续安全使用，应进行可靠性评估，在采取相应措施或无需采取特别措施后仍可继续安全使用。

(4) 特别注意这里的“特别重要的建筑结构”与确定安全等级为一级的重要建筑不完全一致，但这里被定义为“特别重要的建筑结构”，其安全等级必然为一级。比如天安门广场毛主席纪念堂就属于特别重要的建筑结构。

(5) 设计工作年限不仅影响可变作用的取值大小，也影响着结构主体材料的选择。

(6) 对业主而言，只有确定了设计工作年限，才能对不同的结构方案和主材的选择进行比较，优化全生命周期的结构成本，获得最佳解决方案。

(7) 由于行业之间的差异性，可根据相关的行业标准或本条原则合理确定设计工作年限。

(8) 设计说明需要标明结构的设计工作年限，而无需标明结构的设计基准期、耐久年限、寿命等。

(9) 随着我国市场经济的发展，迫切要求明确各类工程结构的设计工作年限，根据我国实际情况，并借鉴有关国际标准。国际标准《结构可靠性总原则》ISO 2349：1998 和欧洲规范《结构设计基础》EN 1990：2002 也给出了各类结构的设计工作年限，示例如表3 所示。

表 3 设计使用年限示例

类别	设计使用年限(年)	示例
1	10	临时性结构
2	10～25	可替换的结构构件
3	15～30	农业和类似结构
4	50	房屋结构和其他普通结构
5	100	标志性建筑的结构、桥梁和其他土木工程结构

此外，对于特殊建筑结构的设计使用年限，可另行规定。

(10) 本规范定义为强条，房屋建筑是依据《建筑结构可靠性设计统一标准》GB 50068-2018 第 3.3.2 (强条) 与 3.3.3 条 (非强条) 整合而来。以前的规范“设计必须确定合理的设计使用年限”是强条，但具体选择多少年是非强条。另外本规范取消了设计工作年限25年，笔者认为实际工程依然可以采用25年。

(11) 港口工程依据《港口工程结构可靠性设计统一标准》GB 50158-2010。

(12) 结构设计工作年限的合理选择。

《建筑工程质量管理条例》第二十一条　设计单位应当根据勘察成果文件进行建设工程设计。设计文件应符合国家规定的设计深度要求，注明工程合理使用年限（现在称为设计工作年限）。

《建筑工程勘察设计管理条例》第二十六条　编制施工图设计文件，应满足设备材料采购、非标设备制作和施工的需要，并注明建设工程的合理使用年限。

在设计文件中注明设计工作年限，是建筑市场发展中提出的要求，无论是管理者、开发单位，还是业主都迫切需要建筑物有明确的设计工作年限。

2.2.3　结构的防水层、电气和管道等附属设施的设计工作年限，应根据主体结构的设计工作年限和附属设施的材料、构造和使用要求等因素确定。

延伸阅读与深度理解

给出附属设施的设计工作年限确定方法；具体如何确定可参考相关规范。

2.2.4　结构部件与结构的安全等级不一致或设计工作年限不一致的，应在设计文件中明确标明。

延伸阅读与深度理解

(1) 并非结构的所有构件都满足相同的设计工作年限要求，结构中某些需要定期更换的组成部分，可以根据实际情况确定设计工作年限，但在设计文件中应明确标明。如消能建筑设备等。

(2) 结构构件的安全等级可以和结构整体有所不同，但此时设计文件中应当明确标明。

【举例说明】对于轻钢结构，当钢梁、钢柱等主体结构的设计使用年限为50年时，彩钢屋面板、墙板因材质自身的因素，其实际能够满足正常使用的年限一般低于50年，设计文件中应明确其使用年限，如15年。

2.3　结构分析

2.3.1　结构构件及其连接的作用效应应通过考虑了力学平衡条件、变形协调条件、材料时变特性以及稳定性等因素的结构分析方法确定。

延伸阅读与深度理解

(1) 按照一般的设计程序，在确定结构方案和材料选择以后，接着就应该进行结构分析。结构分析的任务是根据对结构的“作用”求得相应的“效应”，通常是根据作用于结构上的荷载，求得引起的内力。有了内力以后，才有可能进行下一步构件的截面设计。结构分析可能有百分之几十的计算误差，而构件截面设计的误差最多不过百分之几。因此结构分析对结构安全的影响远比构件设计大得多，所以本条明确了作用效应的确定方法的基本要求。

（2）结构分析方法要符合力学基本原理，根据采取的求解方法不同，需要考虑力学平衡条件、变形协调条件、材料的短期和长期性质等因素，还要对结构稳定性加以考虑。

（3）内力平衡。结构分析时，往往需要截取结构的整体或局部计算，其次无论是结构整体、局部构件还是某个有限单元，都必须满足平衡条件，即在边界上的各种力都应实现互相抵消，并且不构成可能导致不平衡的弯矩或其他内力。平衡条件是所有结构分析都必须满足的最基本条件。

（4）变形协调。结构分析还必须满足连续变形的协调条件，即结构、构件甚至某个有限单元，在发生变形或位移后，都必须仍然是连续体而不发生脱离或间隔，包括在各个构件之间的节点和结构体系的边界，在受荷变形后都能满足边界约束和连续的条件。但注意，变形协调条件不像力的平衡条件那样必须严格遵守。例如，有时为了简化计算，有限单元之间只要求在角节点上连续而不要求沿整个单元边界连续，这就作出了一定程度的近似简化。

此外，当混凝土开裂之后，就必须重新划分单元进行分析计算，并满足变形协调条件，当构件断裂-解体而进行防连续倒塌计算时，也应该重新调整计算简图，并按调整后新的计算简图进行分析计算，连续变形的协调条件仍然需要满足。

（5）本构关系。结构分析的关键条件之一，是必须建立受力和变形之间的相互对应关系，无论是材料的应力-应变关系，或者是构件和有限单元的受力-变形关系。因为除了静定结构以外，一般结构的内力分配与其相对刚度、变形及受到的约束有关。因此，本构关系也是结构分析中必不可少的基本条件。

但由于混凝土结构是混凝土和钢筋的复合体，因此其本构关系比较复杂。除混凝土与钢筋两种材料的应力-应变本构关系以外，还有两种材料之间界面的粘结应力-滑移应变的本构关系。采用比较接近实际的合理的材料或构件的本构关系，可提高结构分析的准确程度，这也是体现结构计算分析水平的重要标志。

2.3.2 结构分析采用的计算模型应能合理反映结构在相关因素作用下的作用效应。分析所采用的简化或假定，应以理论和工程实践为基础，无成熟经验时应通过试验验证其合理性。分析时设置的边界条件应符合结构的实际情况。

延伸阅读与深度理解

（1）结构分析是结构设计中的重要环节，对实现结构安全起着至关重要的作用，具体包括结构分析模型、结构分析方法的选取以及构件承载力极限状态计算等相关内容。

（2）本条对结构分析中采用的计算模型、简化假定和边界条件作出规定。结构分析所建立的模型是结构体系的简化处理。为了使其能够反映结构的真实响应，以便为结构设计提供合理准确的指导，必须掌握影响结构响应的最重要的因素，而忽略某些次要因素。这些重要因素包括外形尺寸、材料特性、外部作用等。在此过程中引入的简化或者假定，都应当有所依据，避免无根据的简化或假定对结构分析造成重大影响。在结构分析中，边界条件与结构模型同样重要，尤其是对于复杂的有限元分析和受力复杂的结构体系而言，边界条件的准确性直接影响到分析结果和实际情况的相符程度。

（3）提醒设计师在设计计算时，除应了解采纳计算程序的力学模型、计算假定和程序编制规定外，还应深入了解规范给出公式的含义和背景，以及适用的边界条件和范围，切莫生搬硬套地乱用，更不能局限于自己手头仅有的软件。

（4）简化的原则

结构分析必须遵循“简化”原则，因为混凝土结构材料复杂，过于准确的模拟，将引起计算工作量的大幅度增加，有时会复杂到无法计算的程度，况且混凝土本身就姓“混”，太“精确”的结果也未必符合实际。所以对一般结构设计计算时，有必要进行适当“简化”。

“简化”在结构中的落实，表现为计算简图的简约处理、设计参数的理想化取值以及推导计算过程中的各种近似假定。

【举例说明1】将立体三维空间结构简化为二维平面结构，进而简化为单线条表达的平面图形。这样的简化忽略了其空间作用，内力分析的计算自然就简单得多，比如20世纪80年代以前大部分工程都需要如此简化计算。单层工业厂房可以简化为平面的排架结构，而屋架与柱连接假定其为铰接，这种“简化”大大减少了分析计算工作量，而求得的内力精度完全满足工程设计要求。当然所有的假定都需要有相应的构造措施加以保证。

【举例说明2】混凝土结构中构件之间的连接，实际都是弹性约束，但是一般都被简化为“刚接”或“铰接”两种极端。而实际工程中的理想刚接或铰接并不存在，有时会造成较大的误差，需要设计师依据工程边界条件进行概念调整。例如混凝土梁与剪力墙平面外连接处，设计往往采用刚接或铰接（笔者建议优先考虑铰接），如果按刚接考虑显然高估了支座的约束能力，会造成跨中钢筋偏少留下安全隐患；如果按铰接，显然又过于理想化，毕竟这里都是整体浇灌的，此时显然跨中钢筋是偏于安全的，但支座处由于按构造配筋（一般都是按纯铰考虑取跨中钢筋的25%）显然偏少，容易引起开裂，有人建议可以取跨中钢筋的40%（笔者认为这个是合适的）。

正确选择分析方法和分析理论对于结构分析结果有重要影响。本条规定了选用不同分析方法需要考虑的因素。当结构的材料性能处于弹性状态时，一般可假定力与变形（或变形率）之间的相互关系是线性的，可采用弹性理论进行结构分析，这种情况下，分析比较简单，效率也较高；而当结构的材料性能处于弹塑性状态或完全塑性状态时，力与变形（或变形率）之间的相互关系比较复杂，一般情况下都是非线性的，这时应当采用弹塑性理论或塑性理论进行结构分析。

2.3.3 结构分析应根据结构类型、材料性能和受力特点等因素，选择线性或非线性分析方法。当动力作用对结构影响显著时，尚应采用动力响应分析或动力系数等方法考虑其影响。

延伸阅读与深度理解

（1）正确选择分析方法和分析理论，对于结构分析结果具有重要影响。

（2）选用不同分析方法需要考虑相关因素。

（3）结构分析应根据结构类型、材料性能和受力特点等，采用线性、非线性或试验分析方法；当结构性能始终处于弹性状态时，可采用弹性理论进行结构分析，否则宜采用弹塑性理论进行结构分析。

（4）当结构在达到极限状态前能够产生足够的塑性变形，且所承受的不是多次重复的作用时，可采用塑性理论进行结构分析；当结构的承载力由脆性破坏或稳定控制时，不应采用塑性理论进行分析。

（5）当动力作用使结构产生较大加速度时，应对结构进行动力响应分析。

（6）当结构的材料性能处于弹性状态时，一般可假定力与变形之间的相互关系是线性的，可采用弹性理论进行结构分析，这种情况下，分析比较简单，效率也较高。

（7）当结构的材料性能处于弹塑性状态或完全塑形状态时，力与变形之间的相互关系比较复杂，一般情况下是非线性的，这时应当采用弹塑性理论或塑性理论进行结构分析。

（8）所谓动力作用，是指导致结构或结构构件产生显著加速度的作用类型。结构本身的质量、强度、刚度和阻尼对动力作用的结果有直接影响，因此在计算模型中必须包含这些结构特性。

（9）结构分析计算常用的几种方法解析可参考笔者 2021 年出版发行的《结构工程师综合能力提升与工程案例分析》一书相关内容，这里不再赘述。

（10）特别提醒设计人员注意，目前业界出现了各种各样的有限元分析软件，且基本都认为任何结构都可以计算（笔者并不这么认为，任何软件都应有其适用范围）。笔者认为一般设计师要用好有限元分析软件，并非易事，需要谨慎再谨慎，由于现在的设计师整天都在忙于完成设计任务，很少有时间去分析软件的使用条件，也没有时间去思考，更谈不上对计算结果的仔细分析了。

一方面，近年来随着有限元分析软件应用的普及，很多在过去仅仅局限于科研人员论文中的问题，逐步开始成为设计师的分析任务。另一方面，设计人员未必具备分析人员的知识储备，很多人对于结构分析缺乏有效的思路，甚至有的分析人员完全没有微积分、材料力学等相关的基本概念，在结构分析中往往会陷入各种误区，导致分析的结果与实际相差甚远，甚至得出错误的结果。在此对设计人员结构分析中常见的一些误区进行提醒，希望引起重视。

1）设计人员缺少体系化的概念，很多人作结构分析，就连什么是结构都不是十分清楚。结构是通过构件连接而构成的可承受荷载、起骨架作用的体系。不少人以为，只要会操作软件，就能够进行结构分析。殊不知，如果对于结构缺少体系化的认知，就无法正确地计算分析，也不能起到验证设计思路的作用。实际上，作为可承载的骨架体系，结构内部是存在荷载的传递路径的。比如框架结构：在竖向荷载作用下，框架结构的传力路径是楼板次梁→框架梁→框架柱→基础→地基。在水平荷载作用下，框架结构的传力路径是各楼层节点（假设）→框架梁→框架柱→基础→地基。

2）设计人员不能区分结构构件和非结构构件，建模的时候眉毛胡子一把抓，甚至错误地把非结构构件当作结构构件，而且把握不到分析的重点。不但工作效率低下，且直接影响分析结果的准确性，这种现象说到底也是由于缺乏结构体系化概念引起的。

3）有部分设计师认为建模细节越多越好，有些分析人员总是纠结于各种模型中的细节问题，导入的三维模型上的一些细节特征希望能一个不落地保留，总担心简化了哪个地方会导致计算不准确，因此不敢对分析对象进行必要的简化。比如：一些表面建筑装饰构件属于非受力构件，在结构分析中应采用经过简化处理的模型（主要是把荷载加上）。这一类情况在实际工程中是很常见的。当然，简化都是有依据的，如果过度简化可能导致应力异常、刚度改变、截面削弱，那就不是正确的简化了。

4）还有一些设计师在整体结构分析中总是热衷于保留螺栓、焊缝、接触部位等连接细节，说到底，这些问题的根源在于不能分清主次、结构概念不清晰。一般情况下，只是在局部分析（如节点分析、子模型分析）时才需要考虑这些连接部位的模型细节，整体分析时不需要在模型中保留这些连接细节，只需要根据连接的设计意图简化为刚性连接、耦合或约束方程即可，这样不仅分析思路明确，而且可以显著地提高分析效率。

5）有的分析人员，尤其是初学者，往往对于网格划分存在认识上的误区，使得分析效率低下、事倍功半。有部分设计师认为计算规模越大、网格划分越细结果就越准确。实际上，对于静力分析，根据基本概念，只需要在高应力梯度范围内划分较为精密的网格，而在其他部位划分粗细适宜的网格，就能够在相对合理的计算规模下得到问题的精确解答。

6）还有设计师认为实体单元比结构单元更精确，实际上并不是什么问题都适合于用实体单元来分析的，想象一下央视总部大楼（图 2-2-59）那种大型结构的整体分析场景，立刻就能够明白实体单元不是万能的。梁、管、杆、壳、厚壳、弹簧等单元类型用来模拟特定结构类型，使用起来比实体单元更为有效。比如：使用杆单元分析框架结构、使用壳单元分析墙体等。要正确地判断这些结构单元的特性，包括但不限于梁的横截面参数、主轴指向、截面偏移，壳的截面特性、外法线方向，弹簧刚度等。利用结构单元不仅提高了分析效率和精度，也能够很好地反映实际结构的受力特征。

7）很多设计师习惯于导入 3D 实体几何模型直接进行 Mesh（网格划分）和计算，这也是一种认识误区。实际上，3D 建模软件中建立的几何模型并不一定适合有限元分析。即便对于实体结构，也需要首先对几何模型进行分析、简化、创建印记面等准备工作，使之适合于有限元分析。对于包含梁、壳等结构单元的模型，还涉及对薄壁实体进行抽中面、对细长实体抽梁等操作，形成表面体、线体等适合于划分为壳、梁单元的几何对象。

8）有些设计师不重视边界条件的选取。有限元方法本身在假设单元位移模式时，要求满足完备性条件和协调性条件，因此其位移模式中必然包含刚体位移，由奇异的单元刚度矩阵组成的结构，刚度矩阵也是奇异的，需要引入边界条件才能正确地解答。从这个意义上来讲，有限元分析中边界条件对取得正确解答起到决定性的作用。但是很多分析人员，尤其是初学者，往往在建模环节花费了大量精力，在施加边界条件时则较为随意。实际上，这种轻率的做法很可能导致分析结果不能反映实际情况。

比如图 2-2-60 所示的几个梁结构，其分析模型（刚度矩阵）在没有引入边界条件之前是完全相同的，但是不同的约束条件实际上对应了性质完全不同的问题。

图 2-2-59　央视总部大楼实景图片

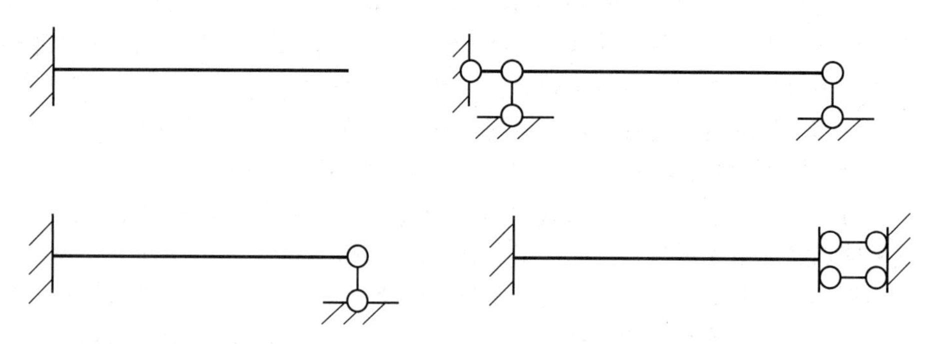

图 2-2-60　常见几种梁的支座约束边界

对于任何软件中的各种边界条件和荷载类型，需要弄清其实质并正确施加。比如：施加对称边界条件或反对称边界条件时，要清楚是哪些自由度受到了约束。对称条件作用于梁单元组成的结构时，对称面内的杆件刚度应根据实际情况取一半。其他约束条件类型的本质也是对节点位移自由度的约束，因此要仔细推敲所施加的边界约束，使其与实际结构受力状态相符合。由此可见，如果网格划分粗细不当导致的是误差，不恰当的边界约束则会直接导致分析的错误和失败。

9）不重视对计算结果的分析。我们经常听到"没有不能计算的结构"这种话，但要提醒各位：现在的软件只要设计人员敢让其计算，的确会很快给出计算结果，结果是否可信？软件是无法判断的，需要设计师依据自己的概念及经验分析判断其合理性。但是如果设计师没有扎实的力学知识和工程经验，不熟悉有限元求解的原理和过程，很可能无法对计算结果的正确性作出评价，或者被一些数值计算的假象所蒙蔽，而得到错误的认知。有限元分析通常以位移作为基本未知量，因此后处理首先应当检查变形结果，而不是像很多人那样先看或只看应力结果。支座反力结果是根据位移结果直接导出的，可用于检查总体的平衡条件是否得到满足，也可以用来检验结构的载荷传递路径。应变、应力结果是由节点位移导出的，且由于计算软件所采用的等参单元和数值积分技术，这些结果通常只能得到积分点位置的数值。所以对于应力结果的探究，通常也有助于判断模型网格的精度。要区分单元的应力解答和节点的应力解答，区分未平均的应力解答和平均的应力解答，区分应力集中和应力奇异。在塑性分析的结果中，可能出现应力超出屈服应力的情况，这类情况也要进行具体的分析。

2.3.4　当结构的变形可能使作用效应显著增大时，应在结构分析中考虑结构变形的影响。

延伸阅读与深度理解

（1）在许多情况下，结构变形会引起几何参数名义值产生显著变异。一般称这种变形效应为几何非线性或二阶效应。

（2）如果这种变形对结构性能有重要影响，应与结构几何不完整性一样在设计中加以考虑。

（3）如何判断结构的变形可能使作用效应显著增大？建议如下：

1）对于混凝土结构，水平变位可以依据《高层建筑混凝土结构技术规程》JGJ 3-2010 第 5.4.2 条，当高层建筑结构不满足该规程第 5.4.1 条的规定时，结构弹性计算时应考虑二阶效应对水平力作用下结构内力和位移的不利影响。

2）对于地基基础，如果差异沉降大于《建筑地基基础设计规范》GB 50007-2011 第 5.3.4 条的规定时，也应考虑差异沉降对整体结构产生的不利影响。

3）对于钢结构二阶效应明显、有侧移的框架结构，应采用二阶弹性分析方法。当二阶效应系数大于 0.25 时，二阶效应影响显著，设计时需要更高的分析，即可采用直接分析法。

2.4　作用和作用组合

2.4.1　结构上的作用根据时间变化特性应分为永久作用、可变作用和偶然作用，其代表值应符合下列规定；

1　永久作用应采用标准值；

2　可变作用应根据设计要求采用标准值、组合值、频遇值或准永久值；

3　偶然作用应按结构设计使用特点确定其代表值。

延伸阅读与深度理解

（1）作用按随时间的变化分类是最主要的分类，它直接关系到作用变量概率模型的选择。永久作用的统计参数与时间基本无关，故可采用随机变量概率模型来描述；永久作用的随机性通常表现在随空间变异上。可变作用的统计参数与时间有关，故采用随机过程概率模型来描述；在实际应用中经常可将随机过程概率模型转化为随机变量概率模型来处理。

（2）永久作用可分为以下几类：结构自重、土压力、水位不变的水压力、预应力、地基变形、混凝土收缩、钢材焊接变形，以及引起结构外加变形或约束变形的各种施工因素。

（3）可变作用可分为以下几类：使用时人员、物件等荷载，施工时结构的某些自重，安装荷载，车辆荷载，吊车荷载，风荷载，雪荷载，冰荷载，多遇地震，正常撞击，水位变化的水压力，扬压力，波浪力，温度变化。

（4）偶然作用是指在设计工作年限内不一定出现，但一旦出现其量值很大，且持续时间在多数情况下很短的作用，例如撞击、爆炸、罕遇地震、龙卷风、火灾、极严重的侵蚀、洪水作用。因此，偶然作用的出现属于一种意外事件。

对于这类作用，由于历史资料的局限性，一般都是根据工程经验，通过分析判断，经协议确定其名义值。当有可能获取偶然作用的量值数据并可供统计分析，但是缺乏失效后果的定量和经济上的优化分析时，国际标准建议可采用重现期为万年的标准确定其代表值。

当采用偶然作用为结构的主导作用时，设计应保证结构不会由于作用的偶然出现而导致灾难性的后果。

（5）某些作用（如地震作用和撞击）既可作为可变作用，也可作为偶然作用，取决于场地条件和结构的使用条件。

（6）虽然任何荷载都具有不同性质的变异性，但在设计中，不可能直接引用反映荷载变异性的各种统计参数，通过复杂的概念运算进行具体设计。因此，在设计时，除了采用能便于设计者使用的设计表达式外，对荷载仍赋予一个规定的量值，称为荷载代表值。荷载可根据不同的设计要求，规定不同的代表值，以使之能更确切地反映其在设计中的特点。

（7）本规范给出的四种代表值：标准值、组合值、频遇值和准永久值。

下面就各代表值作简单说明：

1）标准值

荷载标准值是指其在结构的使用期间可能出现的最大荷载值。由于荷载本身的随机性，因而使用期间的最大荷载也是随机变量，原则上也可用它的统计分布来描述，由设计基准期最大荷载概率分布的某个分位值来确定，但对该分位值的百分位未作统一规定。对有足够统计资料的某类荷载，可以取其设计基准期内最大荷载分布的某个特征值（例如均值、众值或中值）作为标准值，因此国际上习惯称标准值为荷载的特征值（Characteristicvalue）。对于大部分自然荷载，包括风雪荷载和温度作用，习惯上都以其规定的平均重现期来定义标准值，也即相当于以其重现期内最大荷载的分布的众值为标准值。目前，并非对所有荷载都能取得充分的统计资料，为此，不得不从实际出发，根据已有的工程实践经验，通过分析判断后，协议一个公称值（Nominal value）作为代表值。在本规范中，对按这两种方式规定的代表值统称为荷载标准值。

永久荷载中结构自重的标准值，一般按结构设计图纸规定的尺寸和材料的平均重量密度进行计算。当自重的变异性很小时，可取其平均值。对某些自重变异性较大的结构材料，当其增加对结构不利时，应采用高分位值作为标准值；当其增加对结构有利时，应采用低分位值作为标准值，最典型的是土壤的自重取值，当其对结构不利时，一般取 18kN/m^3；当其对结构利时，可取 16kN/m^3（如抗浮验算）。

可变荷载的标准值 Q_k 可由可变荷载在设计基准期 T 内最大值概率分布的统计特征值确定，最常用的统计特征值有平均值、中值和众值，也可采用其他的指定概率 P 的分位值，即取 F_{Qt}（Q_k）$=P$。

2）组合值

可变荷载的组合值为荷载组合值系数乘以标准值 Q 得到的值，即 $\psi_c Q_k$。组合值主要用于承载能力极限状态设计和不可逆正常使用极限状态验算。因为可变荷载的标准值 Q_k 是结构设计基准期内可能出现的最大值，当其与另一个荷载同时作用时以最大值出现的概率很小，设计中将两种荷载标准值的效应进行叠加是不合理的，采用组合值如 Q_k 就是对其中一个或多个荷载的标准值进行适当折减。

3）频遇值

可变荷载的频遇值为频遇值系数 ψ_f 乘以标准值 Q_k 得到的值，即 $\psi_f Q_k$。频遇值主要用于正常使用极限状态中的频遇组合，也用于承载能力极限状态的偶然设计状况。在这两种情况下，频遇值都是作为主导可变荷载出现。确定可变荷载频遇值的原则，是要使可变荷载的值超越频遇值的总时间在设计基准期内只占据一小部分，或者说事件 $Q>\psi_f Q_k$ 发生的概率限定在某一给定的值内。确定频遇值通常有两种方法，按荷载值被超越的总持续时间与设计基准期的规定比率确定，或者按荷载值被超越的总频数或单位时间平均超越频数（跨阈率）确定。

4）准永久值

可变荷载的准永久值为准永久值系数 ψ_q，乘以标准值 Q_k 得到的值，即 $\psi_q Q_k$。准永久值主要用于荷载的长期效应组合，如正常使用极限状态设计采用的频遇组合、标准组合和准永久组合作用。同时也用于偶然设计状况采用的偶然荷载组合。所有情况下，准永久值的出现都是伴随着可变荷载。确定准永久值的原则，是要使可变荷载的值超越准永久值的总时间长度在设计基准期内所占的比例达到一个相当可观的数值，一般取 50%。可变荷载标准值、组合值、频遇值和准永久值之间一般呈现标准值>组合值>频遇值>准永久值的关系，如图 2-2-61 所示。

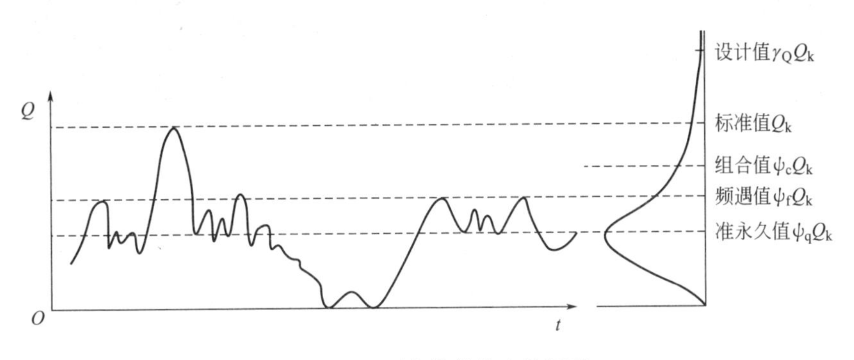

图 2-2-61　可变荷载代表值图示

（8）荷载标准值是荷载的基本代表值，而其他代表值都可在标准值的基础上乘以相应的系数后得出。荷载标准值是指其在结构的使用期间可能出现的最大荷载值。

（9）对于大部分自然荷载，包括风、雪荷载，习惯上都以其规定的平均重现期来定义标准值，也即相当于以其重现期内最大荷载分布的众值为标准值。

（10）消防车荷载属于另一种偶然荷载，计算建筑重力荷载代表值时，可不予考虑，即不与地震作用效应组合。

（11）对于飓风和龙卷风，目前也只能由概念上加以控制：

1）比如美国几乎每年都有因飓风、龙卷风破坏的建筑，仔细观察这些建筑基本都是木结构或钢木结构，如图 2-2-62～图 2-2-64 所示。

图 2-2-62　美国因飓风、龙卷风倒塌的建筑

2021 年 12 月 10～11 日，一夜之间 30 多场龙卷风，称为美国历史上最大风暴之一，美国 6 个州几乎满目疮痍。据美国有线电视新闻网（CNN）等媒体报道，当地时间 10 日夜里至 11 日早上，阿肯色州、伊利诺伊州、肯塔基州、密苏里州、密西西比州和田纳西州这 6 个州已有至少 84 人死亡。肯塔基州是受灾最严重的地区，该州州长 11 日宣布，经历“历史上最艰难的一夜”后，这场灾难性的龙卷风已经带走超过 70 人的生命，并预计死亡人数可能最终超过 100 人。图 2-2-63 为肯塔基州梅菲尔德市飓风之后景象。图 2-2-64 为伊利诺伊州亚马逊仓储中心在飓风袭击之后倒塌景象。

图 2-2-63 肯塔基州梅菲尔德市飓风之后

图 2-2-64 坍塌的伊利诺伊州亚马逊仓储中心

2）想必我们不会忘记，2018 年第 22 号台风“山竹”（强台风级）于 9 月 16 日 17 时在广东台山海宴镇登陆，登陆时中心附近最大风力达 14 级（45m/s，相当于 162km/h）。我国很多城市如广州、深圳、香港、澳门、珠海等均不同程度受到灾害，这些城市距离“山竹”登陆地点不过一两百公里。虽然抢险队伍在 9 月 17 日凌晨便顶风冒雨上阵清理，但是，这个体格壮硕的“大家伙”留下的累累伤痕依然触目惊心。从破坏的建筑来看，轻钢结构破坏严重，其他建筑主体遭到破坏的比较少见，基本是外装修特别是幕墙、广告牌等破坏。如图 2-2-65 所示。

图 2-2-65 台风“山竹”引起的部分建筑破坏（一）

图 2-2-65 台风“山竹”引起的部分建筑破坏（二）

2.4.2 结构上的作用应根据下列不同分类特性，选择恰当的作用模型和加载方式：

1 直接作用和间接作用；

2 固定作用和非固定作用；

3 静态作用和动态作用。

延伸阅读与深度理解

（1）作用按照其他特性分类，主要是要求结构设计人员在设计过程中，根据作用的特性选择恰当的作用模型，对其进行适当的分类组合，并合理准确地加载。

（2）条文中所列 3 款，分别是按照作用的来源、性质、空间变化特点和作用的固有性质进行的分类。

（3）按空间位置变异分类可分为固定作用和非固定作用；按结构反应分类可分为静态作用和动态作用。

2.4.3 确定可变作用代表值时应采用统一的设计基准期。当结构采用的设计基准期不是 50 年时，应按照可靠指标一致的原则，对本规范规定的可变作用量值进行调整。

延伸阅读与深度理解

（1）在确定各类可变荷载的代表值时，会涉及出现荷载最大值的时域问题，该时域长度即为“设计基准期”。

（2）本规范采用的设计基准期为50年。如果“设计基准期”更长，而可变作用取值和其他设计条件不变，则结构的可靠指标就降低了。因此本条规定，当设计基准期不同时，应当按照可靠指标一致的原则，对可变作用量值进行调整。

（3）应特别注意，设计基准期是确定可变荷载取值标准的重要时间参数，与结构设计工作年限是两个不同的概念。

（4）结构设计基准期的合理选择

1）设计基准期是为确定可变作用（可变荷载）及与时间有关的材料性能取值而选用的时间参数，它不一定等同于设计使用年限。设计基准期和设计使用年限是不同的两个概念：建筑设计规范、规程采用的设计基准期均为50年，但建筑设计使用年限可依据具体情况而定，参见《建筑结构可靠性设计统一标准》GB 50068-2018。

2）《建筑结构荷载规范》GB 50009-2012提供的荷载统计设计参数，除风、雪荷载有设计基准期为10年、50年、100年的设计值外，其余都是按设计基准期为50年给出的。

3）如设计需采用其他设计基准期，则必须另行确定在该基准期内最大荷载的概率分布及相应的统计参数。设计文件中，如无特殊要求不需要给出设计基准期。

2.4.4 对于工程结构在施工和使用期间可能出现，而本规范未规定的各类作用，应根据结构的设计工作年限、设计基准期和保证率，确定其量值大小。

延伸阅读与深度理解

本条规定了确定作用量值大小的一般原则。实际上是为了不排斥其他未曾遇到的各种作用。

【举例说明】施工塔吊荷载，由于其与主体结构的连接方式不同，就需要结合具体连接方式考虑不同的施工荷载工况。

2.4.5 生产工艺荷载应根据工艺及相关专业的要求确定。

延伸阅读与深度理解

（1）工业建筑结构中的工艺荷载，根据工艺要求不同差异很大，对结构设计的影响较大。

（2）本条规定了对于工艺荷载的提资要求，以保证荷载取值的准确性。

笔者曾经在中国有色工程设计研究总院工作过25年，对于工业建筑的荷载（设备荷载及操作活载），一般均需要工艺专业提供给结构专业。

（3）提醒设计师注意，任何相关专业提供的荷载，设计师都应该综合分析判断其合理有效性，发现问题应及时与相关提资方落实。

【工程案例 1】2016 年笔者主持的某工程，地勘报告给出的桩基设计参数如表 2-2-14 所示。

地基承载力特征值和设计参数表　　表 2-2-14

工程地质层	岩性	重度	孔隙比	压缩模量	压缩系数	黏聚力	内摩擦角	承载力特征值	桩基设计参数			
									钻孔灌注桩		预应力管桩	
		r	e	Es_{1-2}	α_{1-2}	C_k	φ_k	f_{ak}	q_{sik}	q_{nk}	q_{sik}	q_{nk}
		kN/m^3		MPa	MPa^{-1}	kPa	°	kPa	kPa	kPa	kPa	kPa
①	杂填土	18.5*	—	—	—	—	—	100	20		22	
②	细砂	19.5*	—	6.0*	—	2*	30*	120	24		22	
③	淤泥质粉砂	19.1	0.859	3.93	0.56	13.3	5	100	22		20	
④	淤泥质粉质黏土	18.2	1.077	3.08	0.72	9.6	4	90	23		25	
⑤	粉质黏土	20.4	0.601	8.81	0.45	21.0	20	140	60	2200	58	600
⑥	生物碎屑粉土	19.8	0.792	6.30	0.30	18.9	15	170	65	2400	62	650
⑦	粉质黏土	19.7	0.774	8.10	0.22	21.8	17	220	75	3000	70	1100

注：带＊号者为经验值。

笔者一眼便看出所提资料有误，应该是把钻孔桩与预应力管桩搞错误了，就是“张冠李戴”了名称。

【工程案例 2】2012 年笔者主持的某超限高层建筑，幕墙单位提供的幕墙荷载如图 2-2-66 所示。第一次提来的荷载，笔者根据概念分析判断，认为不合理，建议幕墙单位重新复核提资。复核后提资如下，前后两次不仅荷载差异较大，且作用方向发生了变化。

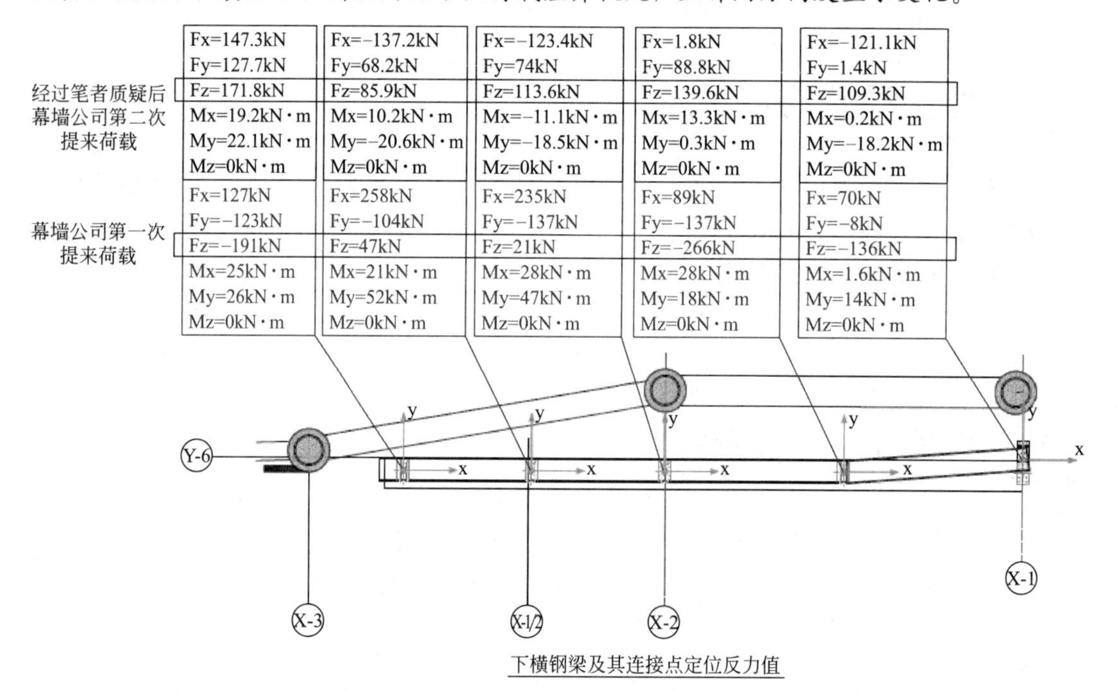

图 2-2-66　某超限高层幕墙荷载提资

【工程案例 3】2018 年，有位朋友给笔者一份某工程的地勘报告，地下室与上部多栋建筑脱开与不脱开分别评价，给出的场地类别不一样（表 2-2-15、表 2-2-16）。咨询笔者这样是否合适。

场地按设计整平高程 327.00m 整平后，第四系覆盖土层厚度 1.34（ZK51）～18.50m（ZK18）。该场地地下室与拟建建筑脱开及不脱开分别评价，地震效应评价分别见表 2-2-15、表 2-2-16。该拟建建筑为标准设防。

各建筑与地下车库不脱开的地震效应评价一览表　　表 2-2-15

拟建物名称	达到设计地坪标高时履盖层厚度(m)	等效剪切波速(m/s)	场地土类型	场地类别	设计特征周期	建筑抗震地段类别
地下室及各幢商住楼与配套	18.50	123	软弱土	Ⅲ	0.45s	一般地段

各建筑与地下车库脱开的地震效应评价一览表　　表 2-2-16

拟建物名称	达到设计地坪标高时履盖层厚度(m)	等效剪切波速(m/s)	场地土类型	场地类别	设计特征周期	建筑抗震地段类别
1＃住宅楼及裙楼	5.03	123	软弱土	Ⅱ	0.35s	一般地段
2＃住宅楼及裙楼	12	123	软弱土	Ⅱ	0.35s	一般地段
1＃幢商业楼	4.20	123	软弱土	Ⅱ	0.35s	一般地段
2＃幢商业楼	5.60	123	软弱土	Ⅱ	0.35s	一般地段
3＃幢商业楼	4.24	123	软弱土	Ⅱ	0.35s	一般地段
4＃幢商业楼	3.52	123	软弱土	Ⅱ	0.35s	一般地段
5＃幢商业楼	1.91	123	软弱土	I_1	0.25s	有利地段
6＃幢商业楼	1.34	123	软弱土	I_1	0.25s	有利地段
红星家具楼 MALL	7.7	123	软弱土	Ⅱ	0.35s	一般地段
地下室	7.7	123	软弱土	Ⅱ	0.35s	一般地段

笔者答复：不合适，场地特征周期只与覆盖层厚度及平均剪切波速有关，与建筑物布置没有关系，建议设计与审图沟通一下。后来朋友反馈，说地勘部门承认自己搞错了。

2.4.6 结构作用应根据结构设计要求，按下列规定进行组合：

1 基本组合：

$$\sum_{i\geqslant 1}\gamma_{Gi}G_{ik}+\gamma_{P}P+\gamma_{Q1}\gamma_{L1}Q_{1k}+\sum_{j>1}\gamma_{Qj}\psi_{cj}\gamma_{Lj}Q_{jk} \tag{2.4.6-1}$$

2 偶然组合：

$$\sum_{i\geqslant 1}G_{ik}+P+A_{d}+(\psi_{f1}\text{ 或 }\psi_{q1})Q_{1k}+\sum_{j>1}\psi_{qj}Q_{jk} \tag{2.4.6-2}$$

3 地震组合：应符合结构抗震设计的规定。

4 标准组合：

$$\sum_{i\geqslant 1}G_{ik}+P+Q_{1k}+\sum_{j>1}\psi_{cj}Q_{jk} \tag{2.4.6-3}$$

5 频遇组合：

$$\sum_{i\geqslant1}G_{ik}+P+\psi_{f1}Q_{1k}+\sum_{j>1}\psi_{qj}Q_{jk} \tag{2.4.6-4}$$

6 准永久组合：

$$\sum_{i\geqslant1}G_{ik}+P+\sum_{j\geqslant1}\psi_{qj}Q_{jk} \tag{2.4.6-5}$$

注：式中符号的含义见本规范附录 A。

延伸阅读与深度理解

（1）本条规定了各种不同的作用组合。不同设计方法采用的作用组合也有所不同，但究其实质，都是考虑结构在设计工作年限内可能出现的不同类型、不同量值的荷载同时作用的各种情况。因此本条将各种作用组合进行统一规定，再配合不同的设计表达式和相关系数取值进行结构设计。

（2）基本组合是可变作用起控制作用的组合，其中起控制作用的可变作用一般需要轮次计算方能确定。基本组合与"分项系数表达的极限状态设计法"相对应，用于承载极限状态设计。

（3）偶然组合是考虑偶然作用时的组合。

（4）抗震设计的设计方法与作用组合较为特殊，需按照抗震设计要求执行。

（5）标准组合与"分项系数表达的极限状态设计法"相对应时，用于正常使用极限状态设计。在采用容许应力和安全系数法设计时，通常也采用标准组合，但组合系数的取值有所区别。此外，有的采用容许应力法的设计规范还对"主力""主力＋附力"作用下的结构验算作出不同限值规定，也可视为标准组合的不同情况。

（6）频遇组合和准永久组合都是和"分项系数表达的极限状态设计法"相对应的，用于不同状态的设计验算。

（7）荷载组合是一个复杂的概率问题，理论分析比较复杂，有时也缺乏可靠的统计参数，工程中往往采用简单实用的组合规则进行荷载组合。荷载规范采用荷载组合的组合规则是由结构安全度联合会提出的 JCSS 组合规则，即认为在参与组合的诸多可变荷载中，其中有一个荷载对目标组合效应设计值是起主导作用，即该荷载对效应的贡献最大，在组合中不乘组合值系数，而其他可变荷载则均要乘以组合值系数。在应用组合公式时，主导荷载效应一般不易直接判断，可轮次以各可变荷载效应 S_{Qik} 为 S_{Q1k}，选其中最不利的荷载效应组合为设计依据，这个过程一般由计算机程序来完成。

（8）规范中给出的荷载效应组合值的表达式是采用各项可变荷载效应叠加的形式，这在理论上仅适用于各项可变荷载的效应与荷载为线性关系的情况。当涉及非线性问题时，即当结构荷载效应与荷载之间呈现明显的非线性关系（包括材料非线性和几何非线性）时，应根据问题性质，进行特殊的组合方法或按有关设计规范的规定采用其他不同的方法。如当材料（或构件）本构关系中包含有强度（或承载力）参数时，即使采用同一种本构关系，加载到相同的荷载时，计算得到的荷载效应也是不同的。非线性结构的荷载效应还有可能与加载路径有关。在这种情况下，荷载线性组合方法不再适用，必须将全部荷载放在一个结构分析模型中进行分析，综合获得荷载的组合响应，这时的荷载组合称为非线性荷载组合。

2.4.7 作用组合的效应设计值，应将所考虑的各种作用同时加载于结构之后，再通过分析计算确定。

本条规定了结构效应设计值的确定方法，即应同时考虑所有作用对结构的共同影响。

2.4.8 当作用组合的效应设计值简化为单个作用效应的组合时，作用与作用效应满足线性关系。

本规范第2.4.7条规定的方法是作用组合效应值的一般确定方法，但在实际工程设计时往往根据实际情况有所简化。最为常见的是当作用和作用效应是线性关系时，作用组合的效应可以直接表示为作用效应的组合，这为结构设计带来极大的方便。但在应用时，必须注意作用和作用效应是否满足线性关系这个前提条件。

2.5 材料和岩土的性能及结构几何参数

2.5.1 在选择结构材料种类、材料规格进行结构设计时，应考虑各种可能影响耐久性的环境因素。

环境因素（如二氧化碳、氯化物和湿度等）会对材料特性有明显影响，进而可能对结构的安全性和适用性造成不利影响。这种影响因材料而异，因此要求结构设计时对此加以考虑。

（1）结构混凝土用水泥应符合下列规定：

1）水泥品种和强度等级应根据设计和施工要求、结构特点以及工程所处环境和应用条件等因素选用。

水泥是混凝土最核心的组分，也是决定混凝土工作性、力学性能和耐久性的最基本原材料。配制混凝土最重要的工作之一就是选择合适的水泥品种和强度等级。因为水泥品种和强度等级不同，其配制的混凝土性能差别非常大；不同的工程、不同的部位对混凝土性能及其原材料要求不同；不同的环境条件等对混凝土性能的影响不同。故选择水泥品种和强度等级应充分考虑设计要求、设计特点（如构造、配筋情况等）、施工工艺和施工装备情况、结构特点（如构件截面尺寸、受力特点等）以及所处的环境条件和应用特点（如是否有硫酸盐腐蚀、冻融、酸雨、氯离子，是否接触流动水，是否有动荷载或冲击荷载，是否有疲劳荷载等）。可参考《混凝土质量控制标准》GB 50164-2011 中第 2.1.1 条。

2）水泥质量的主要控制项目应包括细度、凝结时间、安定性、胶砂强度、氧化镁和氯离子含量；低碱水泥主要控制项目还应包括碱含量，碱含量不应大于 0.6%；中低热硅酸盐水泥或低热矿渣硅酸盐水泥还应包括水化热指标，且 3d 水化热分别不得大于 230kJ/kg 和 200kJ/kg。结构混凝土用水泥不得在正常使用条件下导致混凝土强度出现倒缩现象。用于人居环境或饮水工程等工程时，水泥应控制放射性和重金属浸出毒性。

水泥的主要控制项目对水泥生产和进场检验都是关键。中低热硅酸盐水泥或低热矿渣硅酸盐水泥的水化热是控制混凝土早期温度裂缝的重要指标。在正常使用条件下，若因水泥原因导致混凝土强度出现倒缩现象（如 90d 强度低于 28d 强度等）将带来极大的安全和耐久性隐患。用于人居环境或饮用水工程，涉及人民健康和生命安全，应对水泥放射性和重金属浸出性等提出要求。可参考《混凝土质量控制标准》GB 50164-2011 中第 2.1.2 条。

3）水泥中使用的混合材料质量必须合格，且混合材料品种和掺量应在出厂相关文件中明示。

水泥生产中已经掺加了各种混合材料，搅拌站生产时一般又需要掺加各种掺合料。只有将水泥中的混合材料品种和掺量在出厂时予以明示，且所使用的混合材料质量合格，搅拌站才能对有掺合料的混凝土配合比进行针对性的科学设计，防止工程事故。可参考《混凝土质量控制标准》GB 50164-2011 中第 2.1.3 条 2 款。

4）现浇结构混凝土用硅酸盐水泥和普通硅酸盐水泥的比表面积不应大于 $350m^2/kg$。

目前提高水泥活性或强度多通过提高水泥细度来实现，水泥（尤其熟料）磨得太细，造成早期水化太快，后期或长期强度无保证，缺少安全储备，容易带来开裂和长期强度倒缩等安全和耐久性隐患，对于现浇结构混凝土工程，因其安全性、体积稳定性和耐久性等要求比较高，应规定水泥细度上限。

5）生产混凝土时的水泥温度不应高于 60℃。

生产混凝土时的水泥温度高，造成混凝土入模温度高，水化温升大，易导致温度裂缝，影响混凝土耐久性和安全性等。可参考《混凝土质量控制标准》GB 50164-2011 中第 2.1.3 条 3 款。

（2）水泥品种选择原则

一般应根据设计、施工要求以及工程所处环境确定。对于一般建筑结构及预制构件的普通混凝土，宜采用硅酸盐水泥；高强混凝土和有抗冻要求的混凝土宜采用硅酸盐水泥或普通硅酸盐水泥；有预防混凝土碱-骨料反应要求的混凝土工程宜采用碱含量低于 0.6%的水泥；大体积混凝土宜采用中、低热硅酸盐水泥或低热矿渣硅酸盐水泥，具有酸性腐蚀环境宜采用抗硫酸盐类水泥。沿海地下工程应采用铁铝酸盐水泥。

（3）结构混凝土用细骨料应符合下列规定：

1）细骨料质量主要控制项目应包括颗粒级配、细度模数、含泥量、泥块含量、坚固性、氯离子含量和有害物质含量；海砂的主要控制项目还应包括贝壳含量；人工砂的主要控制项目还应包括石粉含量和压碎值指标。

不同来源的砂，其成分、矿物和质量有很大差别，明确其主要质量指标，以便于质量控制。随着天然砂枯竭或禁采，结构混凝土人工砂或机制砂是大势所趋，人工砂或机制砂的石粉、压碎指标不合理将显著影响混凝土性能。可参考《混凝土质量控制标准》GB 50164-2011 中第 2.3.2 条。

2）对于有抗渗、抗冻或其他特殊要求的混凝土，砂中的含泥量和泥块含量分别不应大于 3.0%和 1.0%；坚固性检验的质量损失不应大于 8%。

砂的含泥和坚固性对混凝土质量和耐久性影响大，是应该控制的关键指标。可参考《混凝土质量控制标准》GB 50164-2011 中第 2.3.3 条 2 款。

3）对于高强混凝土，含泥量和泥块含量分别不应大于 2.0%和 0.5%。

高强混凝土胶凝材料用量大，水胶比低，早期收缩相对较大，为保证其强度、耐久性和体积稳定性等，必须严格控制含泥量和泥块含量等关键指标。可参考《混凝土质量控制标准》GB 50164-2011 中第 2.3.3 条 3 款。

4）混凝土用砂的氯离子含量不应大于 0.02%。

氯离子超标将会给钢筋混凝土带来灾难性后果，控制氯离子含量是保证钢筋混凝土和预应力混凝土安全性和耐久性的关键环节之一。尤其是在现场施工质量还依赖于人工的情况下，控制原材料氯离子含量至关重要。可参考《混凝土质量控制标准》GB 50164-2011 中第 2.3.3 条 4 款，以及《混凝土结构工程施工规范》GB 50666-2011 中第 7.2.3 条 2 款。

5）混凝土用海砂必须经净化处理，净化后的海砂中的氯离子含量不应大于 0.02%；海砂不得用于预应力混凝土。

规范的海砂均指净化后的海砂，未经净化的海砂不得用于结构混凝土。海砂用于结构混凝土必须进行净化并保证氯离子含量满足要求；由于预应力的结构的重要性、敏感性，海砂净化的质量波动性、追求利益以及其他不可控因素等，海砂用于预应力混凝土安全隐患太大。可参考《混凝土质量控制标准》GB 50164-2011 中第 2.3.3 条 5 款、6 款，以及《海砂混凝土应用技术规范》JGJ 206-2010 第 3.0.1 条（强制性条文）。

特别说明：有人对海砂有个误解，认为只要是海砂就不能用于工程建设。其实海砂作为一种资源丰富的建筑原材料，可用于建筑工程，但必须经过严格的控制和科学的使用。

为了规范海砂使用，住房和城乡建设部已经颁布了若干份技术标准和规范，明确规定配置混凝土的海砂必须经过净化处理，主要是对氯离子和海砂中残余杂质进行处理。如《海砂混凝土应用技术规范》中就明确海砂使用标准："水溶性氯离子含量（%，按质量计），指标≤0.03"。另外，国家相关技术标准对海砂若干物理性能指标上的提法，比普通用于混凝土的砂石标准更高，这意味着如果用海砂配置混凝土，会比普通砂要求更高。

关于海砂，一直以来人们都"谈海砂色变"，为何使用海砂会让人们如此担忧？海砂，是指受海水侵蚀而没有经过淡化处理的砂，多来自海水和河流交界的地方。在人们的通常认知中，海砂的危害是由于其氯离子含量过高会侵蚀钢筋，使钢筋生锈，钢筋生锈以后，钢筋体积会增大，最大可以达到原来体积的 6 倍。钢筋体积增大会使得钢筋周围的泥土胀裂、脱落。

海砂的危害可以从三个方面来看：海砂含盐分高，极易出现氯离子腐蚀钢筋的情况；氯盐结晶膨胀会加速混凝土碳化；贝壳含量高会明显使混凝土的和易性变差，使混凝土的抗拉、抗压、抗折强度及抗冻性、抗磨性、抗渗性等耐火性能均有所下降。

具体来说，钢筋和混凝土是材料界的一对"伴侣"，两者不仅在力学性能上"珠联璧合"，在耐久性能上也是"天造地设"。众所周知，钢筋在水和氧气的作用下容易生锈，而包裹在钢筋周围的混凝土恰恰起到了保护钢筋免遭锈蚀的作用。

然而，砂石中掺杂的氯离子就像是钢筋与混凝土这对伴侣的"第三者"。由于氯离子的活性很强，如果其浓度大到一定程度，那么就可以渗透钢筋表层的钝化膜，与钢筋发生反应，形成易溶的氯化亚铁，也就是游离的亚铁离子和氯离子。一旦钝化膜被破坏，钢筋完全暴露，钢筋腐蚀由此开始，而整个锈蚀过程一旦开始就不会停止。另外，海砂中贝壳类等物资含量较多时，会使混凝土产生龟裂，对混凝土的耐久性影响极大。

海砂会使房屋和公共建筑出现腐蚀劣化，且在短短几年内使墙体遭到严重破坏，成为不折不扣的"危楼"。尤其是未淡化的海砂对于工程建筑的伤害是非常明显的。深圳前些年比比皆是的"海砂危楼"正是使用非法海砂的受害者。

因此，住房和城乡建设部发布《关于开展 2021 年预拌混凝土质量及海砂使用专项抽查的通知》，可视为海砂使用整治的有力举措。

6）人工砂中的石粉最高含量应符合表 2-2-17 的规定，当石粉含量超出表中限值时，必须有充分试验验证数据或工程案例论证资料，并按规定程序论证后才能使用。

石粉最高含量（%） **表 2-2-17**

混凝土强度等级		>C60	C30～C55	<C30
石粉含量（不大于）	MB<1.4	5.0	7.0	10.0
	MB≥1.4	2.0	3.0	5.0

注：MB 值为用于判定机制砂中粒级小于 75μm 颗粒的吸附性能的指标。

人工砂中的石粉含量大小跟母岩品种、石粉细度和生产工艺等有很大关系，由于不同品种和不同含量的石粉对混凝土性能的影响有较大差距，应用人工砂时应进行充分的试验验证和论证。可参考《混凝土质量控制标准》GB 50164-2011 中第 2.3.3 条 7 款。

7）结构混凝土应采用级配良好的砂。不应单独采用特细砂或特粗砂作为细骨料配制混凝土。当单一砂源的级配不良时，应采用掺配技术将其细度模数调整为 2.3～3.0。

细度模数是一个成熟的控制指标。用细度模数太小或太大的特细砂和特粗砂配制混凝土，很容易导致质量事故。当砂的细度模数为 2.3～3.0 时，混凝土质量容易保证。可参考《混凝土质量控制标准》GB 50164-2011 中第 2.3.3 条 8 款。

8）天然砂应进行碱硅酸反应活性检验；人工砂应进行碱硅酸和碱碳酸盐反应活性检验；在盐渍土、海水和受除冰盐作用等环境中，重要结构的混凝土不应采用有碱活性的砂。

砂的来源复杂，具有碱硅酸活性或碱碳酸盐活性的砂对混凝土耐久性有严重危害，使用前应进行碱活性检验；重要工程需要预防碱骨料反应，应避免采用有碱活性的细骨料。可参考《混凝土质量控制标准》GB 50164-2011 中第 2.3.3 条 9 款。

9）河砂和海砂应进行碱硅酸反应活性检验；人工砂应进行碱硅酸活性检验和碱-碳酸盐反应活性检验；对于有预防混凝土碱骨料反应要求的混凝土工程，不宜采用有碱活性的砂。

10）特别注意钢管混凝土内的混凝土可以采用海砂。

随着河砂资源的日益匮乏，应用海砂已经成为一种趋势，可以保护环境、节约资源。实心钢管混凝土构件内混凝土的腐蚀作用较弱，可应用海砂混凝土。

(4) 结构混凝土用粗骨料应符合下列规定:

1) 粗骨料质量的主要控制项目应包括颗粒级配、针片状颗粒含量、含泥量、泥块含量、压碎指标和坚固性。

不同来源的粗骨料，其成分、矿物和质量有很大差别，应明确其主要质量指标，以便于质量控制规定。可参考《混凝土质量控制标准》GB 50164-2011 中第 2.2.2 条。

2) 生产混凝土用粗骨料应采用连续级配或采用多粒级掺配技术保证级配。

连续级配有利于混凝土质量稳定。连续级配可由供货方保证，也可由混凝土生产单位采购不同粒级的骨料，组合成符合标准要求的连续级配混合骨料。可参考《混凝土质量控制标准》GB 50164-2011 中第 2.2.3 条 1 款。

3) 粗骨料最大公称粒径不得大于构件截面尺寸的 1/4，且不得大于钢筋最小净间距的 3/4；对混凝土实心板，粗骨料的最大公称粒径不应大于板厚的 1/3，且不得大于 40mm；对于大体积混凝土，粗骨料最大公称粒径不应小于 31.5mm。

粗骨料最大公称粒径跟使用的结构部位、配筋情况、混凝土强度等级和施工工艺等都有关系，选择合适的公称粒径有利于保证混凝土质量。可参考《混凝土质量控制标准》GB 50164-2011 中第 2.2.3 条 2 款。

4) 对于有抗渗、抗冻、抗腐蚀、耐磨或其他特殊要求的混凝土，粗骨料中含泥量和泥块含量分别不应大于 1.0%和 0.5%，坚固性检验的质量损失不应大于 8%。

含泥量、泥块含量以及坚固性检验指标对混凝土耐久性影响大。可参考《混凝土质量控制标准》GB 50164-2011 中第 2.2.3 条 3 款。

5) 对于高强混凝土，粗骨料的岩石抗压强度应高于混凝土设计强度等级值，最大公称粒径不应大于 25mm，含泥量和泥块含量分别不应大于 0.5%和 0.2%。混凝土强度等级 C80 以上，粗骨料的针片状颗粒含量不应大于 5%，混凝土强度等级 C60～C80 之间，粗骨料的针片状颗粒含量不应大于 8%。

高强混凝土对粗骨料母岩强度有较高要求，母岩强度低，不易满足配制强度要求，即使满足要求，也可能导致胶凝材料用量高，一则不经济，二则影响混凝土性能和质量。含泥量和泥块含量对高强混凝土性能影响很敏感。针片状含量过高，混凝土质量不容易保证。可参考《混凝土质量控制标准》GB 50164-2011 中第 2.2.3 条 4 款。

6) 对于粗骨料或用于制作粗骨料的岩石，应进行碱活性检验，包括碱硅酸反应活性和碱碳酸盐反应活性检验。在盐渍土、海水和受除冰盐作用等含碱环境中，重要结构的混凝土不应采用有碱活性的粗骨料。

减少碱骨料反应的危害关键在于预防，使用非活性骨料是首选的安全方法。可参考《混凝土质量控制标准》GB 50164-2011 中第 2.2.3 条 5 款。

(5) 泵送混凝土为什么要控制粗骨料针片状含量?

其含量高时，针状粗骨料抗折强度比较低，且粗骨料间粘结强度下降，致使混凝土强度下降。

对于预拌混凝土来说，针片状含量高，会使粗骨料粒形不好，从而使混凝土流动性下降，同时针片状骨料很容易在管道处堵塞，造成堵泵，甚至爆管。因此泵送混凝土要求其针片含量≤8%，高强度混凝土要求则更高。

(6) 为什么配制高强度混凝土时应采用粒径小一些的石子?

随着粗骨料粒径加大，其与水泥浆体的粘结削弱，增加了混凝土材料内部结构的不连续性，导致混凝土强度降低。粗骨料在混凝土中对水泥收缩起着约束作用。由于粗骨料与水泥浆体的弹性模量不同，因而在混凝土内部产生拉应力。此内应力随粗骨料粒径的增大而增大，并会导致混凝土强度降低。随着粗骨料粒径的增大，在粗骨料界面过渡区的 $Ca(OH)_2$ 晶体的定向排列程度增大，使界面结构削弱，从而降低了混凝土强度。

试验表明：混凝土中粒径 15～25mm 粗骨料周围界面裂纹宽度为 0.1mm 左右，裂缝长度为粒径周长的 2/3，界面裂纹与周围水泥浆中的裂纹连通较多：而 5～10mm 粒径粗骨料混凝土中，界面裂纹宽度较均匀，仅为 0.03mm，裂纹长度仅为粒径周长的 1/6。粒径大小不同的粗骨料，混凝土硬化后在粒径下部形成的水囊积聚量也不同，大粒径粗骨料下部水囊大而多，水囊中的水蒸发后，其下界面形成的界面缝必然比小粒径的宽，界面强度就低。

（7）为什么同样配比混凝土，卵石混凝土比碎石混凝土强度低 3～4MPa?

粗骨料的表面粗糙，有利于水泥浆与骨料的界面强度。根据试验，卵石配制的混凝土一方面由于其含风化石较多，本身压碎指标低于碎石，而且表面光滑，界面强度低，因此由其配制的混凝土强度会比同配比碎石混凝土低 3～4MPa。

（8）混凝土用水应符合下列规定：

1）混凝土用水应符合现行国家和行业标准的有关规定。

满足标准要求的水可以使用。混凝土用水包括拌合用水和养护用水。可参考《混凝土质量控制标准》GB 50164-2011 中第 2.6.1 条。

2）混凝土用水的主要控制项目应包括 pH 值、不溶物含量、可溶物含量、硫酸根离子含量、氯离子含量、水泥凝结时间差和水泥胶砂强度变化比。当混凝土骨料为碱活性时，主要控制项目还应包括碱含量。可参考《混凝土质量控制标准》GB 50164-2011 中第 2.6.2 条。

3）未经处理的海水严禁用于钢筋混凝土和预应力混凝土。

未经处理的海水对钢筋混凝土和预应力混凝土耐久性有重大影响。可参考《混凝土质量控制标准》GB 50164-2011 中第 2.6.3 条 1 款。

【工程案例】2018 年海南某工程，施工单位在施工填充墙构造柱及圈梁时，由于直接采用场地内的地下水搅拌混凝土，被质量监督站发现，要求全部拆除已经施工的构造柱圈梁，重新采用经过处理后的地下水搅拌混凝土施工。

4）搅拌站洗涮设备的再生水用于结构混凝土前，应进行验证试验，确保其对混凝土力学性能、体积稳定性和耐久性没有负面影响。当骨料具有碱活性时，混凝土用水不得采用混凝土企业生产设备洗涮水，该水碱含量偏高。可参考《混凝土质量控制标准》GB 50164-2011 中第 2.6.3 条 2 款。

5）地表水、地下水、再生水在首次使用前应该进行放射性检测。其放射性应符合现行国家标准的规定。

有些地下水、地表水、再生水可能有放射性。

2.5.2　材料特性应通过标准化测试方法确定。当实际应用条件与试验条件有差异时，应对试验值进行修正。

延伸阅读与深度理解

(1) 材料性能实际上是随时间变化的，有些材料性能，例如木材、混凝土的强度等，这种变化相当明显。因此本条规定了材料性能应通过特定条件下的标准化测试方法确定。

(2) 用材料的标准试件试验所得的材料性能 f_{spe}，一般说来，不等同于结构中实际的材料性能 f_{str}，有时两者可能有较大的差别。例如，材料试件的加荷速度远超过实际结构的受荷速度，致使试件的材料强度较实际结构中偏高；试件的尺寸远小于结构的尺寸，致使试件的材料强度受到尺寸效应的影响而与结构中不同；有些材料，如混凝土，其标准试件的成型与养护与实际结构并不完全相同，有时甚至相差很大，以致两者的材料性能有所差别。所有这些因素一般习惯于采用换算系数或函数 K_0 来考虑，从而结构中实际的材料性能与标准试件材料性能的关系可用下式表示：

$$F_{str}=K_0 f_{spe}$$

由于结构所处的状态具有变异性，因此换算系数或函数 K_0 也是随机变量。

2.5.3 岩土性能指标和地基承载力、桩基承载力等，应通过原位测试、室内试验等直接或间接方法测定，并应考虑由于钻探取样、室内外试验条件与实际建筑结构条件的差别以及所采用计算公式的误差等因素的影响。

延伸阅读与深度理解

本条规定了岩土性能指标确定的基本原则。

2.5.4 当试验数据不充分时，材料性能的标准值应根据可靠资料确定。

延伸阅读与深度理解

本条规定了试验数据不充分时，材料性能标准值的取值途径。什么是可靠资料？一句空话而已，笔者认为只能依据专家论证来确认其是否可靠。

2.5.5 结构连接部件几何参数的公差应相互兼容。

延伸阅读与深度理解

连接部位的几何参数不兼容，可能导致结构无法正常施工等严重后果。因此本条对公差的兼容性作出规定。

第3章 结构设计

3.1 极限状态的分项系数设计方法

3.1.1 涉及人身安全以及结构安全的极限状态应作为承载力极限状态。当结构或结构构件出现下列状态之一时，应认为超过了承载能力极限状态：

1 结构构件或连接因超过材料强度而破坏，或因过度变形而不适于继续承载；

2 整个结构或其一部分作为刚体失去平衡；

3 结构转变为机动体系；

4 结构或结构构件丧失稳定；

5 结构因局部破坏而发生连续倒塌；

6 地基丧失承载力而破坏；

7 结构或结构构件发生疲劳破坏。

延伸阅读与深度理解

（1）本条由《工程结构可靠性设计统一标准》GB 50153-2008 第 4.1.1 条（非强条）修改而来。

（2）本条是对极限状态的规定。承载能力极限状态可理解为结构或结构构件发挥允许的最大承载能力的状态。结构构件由于塑性变形而使其几何形状发生显著改变，虽未达到最大承载能力，但已彻底不能使用，也属于达到这种极限状态。正常使用极限状态可理解为结构或结构构件达到使用功能上允许的某个限值的状态。例如，某些构件必须控制变形、裂缝才能满足使用要求。因过大的变形会造成如房屋内粉刷层剥落、填充墙和隔断墙开裂及屋面积水等后果；过大的裂缝会影响结构的耐久性；过大的变形、裂缝也会造成用户心理上的不安全感。

（3）这两种极限状态有显著的差异。超过了结构的承载能力极限状态，导致的结果是结构失效，需要拆除或大修；而超过了正常使用极限状态，通常不会导致结构的破坏，在消除外部不利因素之后，结构一般还能继续正常使用（不过需要区分可逆和不可逆的正常使用状态）。

3.1.2 涉及结构或结构单元的正常使用功能、人员舒适性、建筑外观的极限状态应作为正常使用极限状态。当结构或结构构件出现下列状态之一时，应认为超过了正常使用极限状态：

1 影响外观，使用舒适性或结构使用功能的变形；

2 造成人员不舒适或结构使用功能受限的振动；

3 影响外观，耐久性或结构使用功能的局部损坏。

（1）本条由《工程结构可靠性设计统一标准》GB 50153-2008 第 4.1.1 条（非强条）修改而来。

（2）本条对满足正常使用功能、人员舒适性、建筑外观的极限状态提出概念规定，笔者认为实际工程难以把控，会有其他国家推荐标准给出具体的一些控制指标。

3.1.3　结构设计应对起控制作用的极限状态进行计算或验算，当不能确定起控制作用的极限状态时，结构设计应对不同极限状态分别计算或验算。

（1）当整个结构或结构的一部分超过某一特定状态，而不能满足设计规定的某一功能要求时，此特定状态为结构对该功能的极限状态。

（2）结构设计中的极限状态是以结构的某种荷载效应，如内力、应力、变形、裂缝等超过相应规定的标志值为依据。

（3）根据设计中要求考虑的建筑结构功能，结构的极限状态分为两大类，即承载力极限状态和正常使用极限状态。

（4）对承载力极限状态，一般是以结构的内力超过其承载力为依据的；对正常使用极限状态，一般是以结构变形、裂缝、振动、使用舒适性、耐久性等为依据的。

（5）结构设计时，应针对各种设计状况和相关的承载力极限状态、正常使用极限状态进行分析。其目的是要验证各种内外部因素的条件下（作用、材料特性、几何形状等），结构不会超过极限状态。当有充分依据表明，结构满足其中一种极限状态，另一种极限状态自然满足时，可以只验算起控制作用的极限状态。如果不能确定，则必须对两种状态分别进行计算和验算，实际就是包络设计了。

3.1.4　结构设计应区分下列设计状况：

1　持久设计状况，适用于结构正常使用时的情况；

2　短暂设计状况，适用于结构施工和维修等临时情况；

3　偶然设计状况，适用于结构遭受火灾、爆炸、非正常撞击等罕见情况；

4　地震设计状况，适用于结构遭受地震时的情况。

原标准规定结构设计时应考虑持久设计状况、短暂设计状况和偶然设计状况三种设计状况，根据《工程结构可靠性设计统一标准》GB 50153-2008，本次修订中增加了地震设计状况。这主要是由于地震作用具有与火灾、爆炸、撞击或局部破坏等偶然作用不同的特

点：首先，我国目前都是地震设防区，需要进行抗震设计且很多结构是由抗震设计控制的；其次，地震作用是能够统计并有统计资料的，可以根据地震的重现期确定地震作用。因此，本次修订借鉴了欧洲规范《结构设计基础》EN 1990：2002 的规定，在原有三种设计状况的基础上，增加了地震设计状况。

（1）结构设计应分别考虑持久设计状况、短暂设计状况、偶然设计状况，对处于地震设防区的结构尚应考虑地震设计状况。

（2）结构的作用、环境影响以及自身特性都是随时间变化的，设计状况代表了在一定时间段内结构的内外环境状态。需要根据结构的实际情况（使用条件、环境条件等）选择与此相对应的设计状况。

（3）本条明确了结构设计的几种状况：

1）设计状况：表征一定时段内实际情况的一组设计条件，设计应做到在该组条件下结构不超越有关的极限状态。

2）持久设计状况：在结构使用过程中一定出现，且持续期很长的设计状况，其持续期一般与设计使用年限为同一数量级。

3）短暂设计状况：在结构施工和使用过程中出现概率较大，而与设计使用年限相比，其持续期很短的设计状况。

4）偶然设计状况：在结构使用过程中出现概率很小，且持续时间很短的设计状况。

对偶然作用，应采用偶然作用的设计值。偶然作用的设计值应根据具体工程情况和偶然作用可能出现的最大值确定，也可根据有关标准的专门规定确定。偶然荷载效应组合的表达式主要考虑以下几个方面：

① 由于偶然荷载的确定往往带有经验和主观臆测因素，因而设计表达式中不应再考虑荷载分项系数，而直接采用规定的设计值；

② 对偶然设计状况，由于偶然事件本身属于极小概率事件，两种不相关的偶然事件同时发生的概率就更小，所以组合时不必要同时考虑两种偶然荷载同时出现；

③ 偶然事件的发生是一个强度难以确定的事件，偶然荷载的大小也是不确定的，所以实际情况下偶然荷载值超过规定值是存在的，即使按规定值进行结构设计的结构仍然存在破坏的可能性；为了保证人的生命安全，设计还要保证偶然事件发生后受损的结构能够承担对应于偶然设计状况的永久荷载和可变荷载（主导可变荷载采用频遇值，非主导可变荷载采用准永久值）。

5）地震设计状况：结构遭受地震时的设计状况，对地震作用，应采用地震作用的标准值。地震作用的标准值应根据地震作用的重现期确定；地震作用的重现期可根据建筑抗震设防目标，按有关标准的专门规定确定。

（4）注意这里偶然荷载里没有提到“罕遇地震”，但《建筑结构可靠性设计标准》GB 50068-2018 中 5.2.3 条文说明：偶然作用可分为以下几类：

1）撞击；如车辆撞击等，《建筑结构荷载规范》给出了撞击荷载的取值。

2）爆炸；如炸药爆炸及室内可燃物或粉尘引起的爆炸等。常见的室内爆炸包括粉尘爆炸和燃气爆炸，即空气中粉尘、可燃气体或蒸汽的快速化学反应，产生高温与超高压，爆炸压力以压力波的形式向外迅速传播，遇到障碍时则产生作用力。室内爆炸产生的压力主要取决粉尘、可燃气体及蒸汽的类型，空气中灰尘、可燃气体或蒸汽的百分比，粉尘、可燃或蒸汽、空气混合物的均匀性，火源、封闭区内是否有障碍物，发生爆炸封闭区的大小，形状和强度，以及所具有的排气量或压力释放量。

3）罕遇地震。

4）龙卷风。

5）火灾。

6）极严重的侵蚀。

7）洪水作用。

笔者认为对于煤气或粉尘等引起的爆炸，由于其存在很大的不确定性，仅仅依靠计算是无法保证建筑在遇到偶然荷载作用时不发生破坏。应由概念设计加以控制，如使用人员安全使用操作培训，有爆炸危险功能的房间尽量放在建筑外墙或顶层，如《建筑防火设计规范》给出有爆炸危险的厂房需要设置一定面积的泄压面积，但民用建筑特别是住宅是很难做到的，如果住宅厨房有直接对外的窗户，也是很好的泄压措施，如下面事故案例。选择抗连续倒塌能力强的结构体系等。

【事故案例】

2021年9月16日哈尔滨一民宅煤气罐发生爆炸，1人受伤。过程如下：16日19时30分，哈尔滨市南岗区王岗镇金海城小区2栋4楼一民宅发生煤气罐爆炸事故，一名男孩被困阳台，情况十分危急。经过消防队员全力补救，被困人员获救，但建筑外窗破坏，高空坠物砸坏地面车辆（图2-3-1）。

图2-3-1 哈尔滨民宅爆炸事故场景

3.1.5 结构设计时选定的设计状况，应涵盖正常施工和使用过程中的各种不利情况。各种设计状况均应进行承载力极限状态设计，持久设计状况尚应进行正常使用极限状态设计。

延伸阅读与深度理解

（1）为了保证结构的安全性和适用性，结构设计时选定的设计状况，应当涵盖所能够合理预见的各种可能性。

（2）承载能力涉及结构安全和人身安全，因此各种设计状况下均应加以验算；而持久设计状况适用于结构正常使用时的情况，因此还应当进行正常使用极限状态设计。

（3）只要求持久设计状态进行正常使用极限状态设计，其他设计状况是否进行正常使用极限状态设计不作强制要求，可根据实际情况确定。

（4）正常使用极限状态与承载力极限状态不同，不满足正常使用极限状态要求不会导致结构破坏或倒塌，引起生命安全和财产的巨大损失，只是引起建筑结构在使用上的一些问题，如漏水、漏气、舒适性、耐久性等，所有正常使用极限状态的可靠度水平比承载力极限状态低。

3.1.6 对每种设计状况，均应考虑各种不同的作用组合，以确定作用控制工况和最不利的效应设计值。

延伸阅读与深度理解

（1）结构按极限状态设计时，对不同的设计状况应采用相应的作用组合，在每一种作用组合中还必须选取其中的最不利组合进行有关的极限状态设计。

（2）设计时应针对各种有关的极限状态进行必要的计算或验算，当有实际工程经验时，也可采用构造措施来代替验算。进行承载能力极限状态设计时，应根据不同的设计状况采用下列作用组合：

1）对于持久设计状况或短暂设计状况，应采用作用的基本组合；

2）对于偶然设计状况，应采用作用的偶然组合；

3）对于地震设计状况，应采用作用的地震组合。

3.1.7 进行承载能力极限状态设计时采用的作用组合，应符合下列规定：

1 持久设计状况和短暂设计状况应采用作用的基本组合；

2 偶然设计状况应采用作用的偶然组合；

3 地震设计状况应采用作用的地震组合；

4 作用组合应为可能同时出现的作用的组合；

5 每个作用组合中应包括一个主导可变作用或一个偶然作用或一个地震作用；

6 当静力平衡等极限状态设计对永久作用的位置和大小很敏感时，该永久作用的有利部分和不利部分应作为单独作用分别考虑；

7 当一种作用产生的几种效应非完全相关时，应降低有利效应的分项系数取值。

延伸阅读与深度理解

（1）本条规定了承载能力极限状态作用组合的具体操作要求。

（2）由第 5 条可以看出，偶然作用与地震工况是不需要同时组合的，这个问题以前很多朋友不理解，现在应该理解了。

3.1.8 进行正常使用极限状态设计时采用的作用组合，应符合下列规定：

1 标准组合，用于不可逆正常使用极限状态设计；

2 频遇组合，用于可逆正常使用极限状态设计；

3 准永久组合，用于长期效应是决定性因素的正常使用极限状态设计。

延伸阅读与深度理解

（1）《工程结构可靠性设计统一标准》GB 50153-2008 将正常使用极限状态分为可逆的正常使用极限状态和不可逆的正常使用极限状态，如图 2-3-2 所示的结构变形。

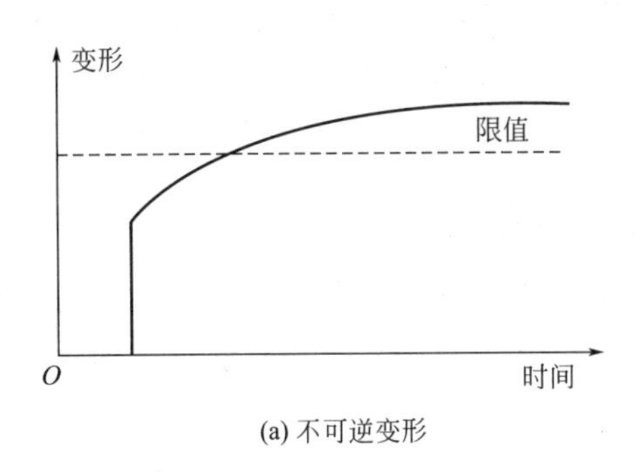

(a) 不可逆变形

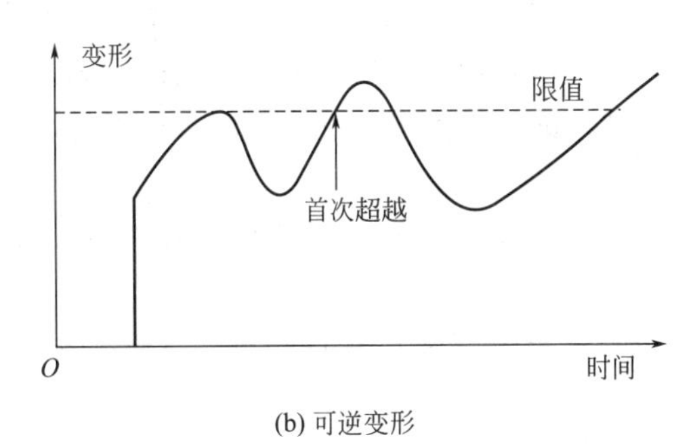

(b) 可逆变形

图 2-3-2 正常使用极限状态

（2）可逆的正常使用极限状态的可靠指标约为 0，失效概率约为 0.5；不可逆的正常使用极限状态的可靠指标约为 1.5，失效概率约为 0.067。

（3）所谓可逆的正常使用极限状态，是指在导致超出极限状态的因素移除之后，结构可以恢复正常的极限状态，比如超出极限状态要求的振动或临时性的位移等；而不可逆的正常使用极限状态，则是指一旦超出极限状态，则结构不能再恢复正常（比如永久性的局部损坏，或永久变形）。不可逆的正常使用极限状态所采用的设计准则，与承载能力极限状态类似；而可逆的正常使用极限状态，其设计准则可根据实际情况确定。

（4）提醒设计师注意：结构正常使用极限状态的可逆和不可逆不能按所验算构件的单独情况确定，需要与周边构件联系起来一起考虑。以钢梁的挠度为例，钢梁的挠度本身肯定是可逆的，但是如果钢梁下有隔墙，钢梁与隔墙之间又没有进行特殊处理，钢梁的挠度会使隔墙损坏，则此时钢梁的变形仍然认为是不可逆的，应采用标准组合验算；如钢梁的变形不会损坏其他构件（结构的或非结构的），只影响到人的舒适感，则可认为此时钢梁的变形是可逆的，可采用频遇组合验算；如果钢梁变形对各种性能均无影响，只是个外观观感问题，则可以采用准永久值组合验算。

（5）对于混凝土构件裂缝控制，《混凝土结构设计规范》GB 50010-2010（2015 版）中明确规定：对于普通钢筋混凝土构件采用准永久值，对于预应力混凝土构件采用标准组合验算。

3.1.9 设计基本变量的设计值应符合下列规定：

1 作用的设计值应为作用代表值与作用分项系数的乘积；

2 材料性能的设计值应为材料性能标准值与材料性能分项系数之商；

3 当几何参数的变异性对结构性能无明显影响时，几何参数的设计值应取其标准值；当有明显影响时，几何参数设计值应按不利原则取其标准值与几何参数附加量之和或差。

4 结构或结构构件的抗力设计值应考虑了材料性能设计值和几何参数设计值之后，分析计算得到的抗力值。

延伸阅读与深度理解

本条规定了各种基本变量设计的确定方法。作用的设计值 F_d 一般可表示为作用的代表值 F_r 与作用的分项系数 γ_F 的乘积。对可变作用，其代表值包括标准值、组合值、频遇值和准永久值。组合值、频遇值和准永久值可通过对可变作用标准值的折减来表示，即分别对可变作用的标准值乘以不大于 1 的组合值系数 Ψ_c、频遇值系数 Ψ_f 和准永久值系数 Ψ_q。

3.1.10 结构或结构构件按承载能力极限状态设计时，应符合下列规定：

1 对于结构或结构构件的破坏或过度变形的承载力极限状态设计，作用组合的效应设计值与结构重要性系数的乘积不应超过结构或结构构件的抗力设计值，其中结构重要性系数 γ_0 应按本规范表 3.1.12 的规定取值。

2 对于整个结构或其一部分作为刚体失去静力平衡的承载能力极限状态设计，不平衡作用效应的设计值与结构重要性系数的乘积不应超过平衡作用的效应设计值，其中结构重要性系数 γ_0 应按本规范表 3.1.12 的规定取值。

3 对于结构或结构构件的疲劳破坏的承载能力极限状态设计，应根据构件受力特性及疲劳设计方法采用不同的疲劳荷载模型和验算表达。

延伸阅读与深度理解

本条规定了承载力极限状态的设计要求。作用组合效应设计值，包括了各种与采用的作用组合相对应的效应设计值，如轴力设计值、弯矩设计值或表示几个轴力、弯矩向量的设计值。

3.1.11　结构或结构构件按正常使用极限状态设计时，作用组合的效应设计值不应超过设计要求的效应限值。

延伸阅读与深度理解

作用组合效应设计值，包括了各种与采用的作用组合相对应的效应设计值，如变形、裂缝等的设计值。

3.1.12　结构重要性系数 γ_0 不应小于表 3.1.12 的规定。

表 3.1.12　结构重要性系数 γ_0

结构重要性系数	对持久设计状况和短暂设计状况			对偶然设计状况和地震设计状况
	安全等级			
	一级	二级	三级	
γ_0	1.1	1.0	0.9	1.0

延伸阅读与深度理解

(1) 结构重要性系数 γ_0 是考虑结构破坏后果的严重性而引入的系数，对于安全等级为一级和三级的结构构件分别取 1.1 和 0.9。

(2) 可靠度分析表明，采用这些系数后，结构构件可靠指标值较安全等级为二级的结构构件分别增减 0.5 左右。考虑不同投资主体对建筑结构可靠度的要求可能不同，故本条仅规定重要性系数的下限值。

(3) 另外应注意，结构重要性系数和结构的抗震设防类别并不一定完全对应。比如中小学、幼儿园等抗震设防类别是乙类，并不意味其安全等级必须是一级。

(4) 设计师要特别注意《市容环卫工程项目规范》GB 55013-2021 规范中提到关于广告牌设施的结构内容，现将主要条款汇总如下：

6.0.7　户外广告及招牌设施的结构应按承载能力极限状态的基本组合和正常使用极限状态的标准组合进行设计。考虑地震作用时，应按地震作用效应和其他荷载效应的基本组合进行设计。设计工作年限超过 20 年的，结构构件重要性系数 γ_0 不应小于 1.1；设计工作年限 10 年的，γ_0 不应小于 1.0；设计工作年限不超过 5 年的，γ_0 不应小于 0.9。

特别注意：这里设计工作年限超过 20 年结构构件重要性系数 γ_0 不应小于 1.1；设计工作年限 10 年的，γ_0 不应小于 1.0；设计工作年限不超过 5 年的，γ_0 不应小于 0.9。

这个要求高于主体结构，显然不尽合理，但也必须执行。

6.0.8　作用在户外广告及招牌设施结构上的荷载以风荷载为主控荷载，风荷载标准值应按基本风压取值。

6.0.9 户外广告或招牌设施的结构应进行强度、刚度和稳定性验算。

6.0.10 依附于建（构）筑物的户外广告或招牌设施的锚固支座应与建（构）筑物的结构件连接，并应直接承担户外广告或招牌设施传递的荷载。设施结构与墙面支座的连接应按不低于正常内力的2.0倍验算支座连接安全性。

特别注意：这里要求户外广告或招牌设施与主体连接按不低于正常内力2倍验算支座连接安全。

6.0.11 在风荷载作用下，户外广告及招牌设施钢结构的变形值应符合下列规定：

1 钢结构的变形容许值应符合表6.0.11-1的规定。

表6.0.11-1 钢结构的变形容许值

序号	形式	项目	容许值
1	落地式及屋顶式结构	顶点水平位移	≤H/100
		横梁挠度值	≤L/150
2	单(双)立柱结构	顶点水平位移值	≤H/150(H≤22m时)
			≤H/180(H>22m时)
3	墙面式结构	悬臂梁挠度值	≤H/150

注：H为顶点离地面（屋面）高度；L为横梁跨度（长度），悬臂梁为悬臂长度的2倍。

2 LED显示屏钢结构的变形容许值应符合表6.0.11-2的规定。

表6.0.11-2 LED显示屏钢结构的变形容许值

序号	构件名称	项目	容许值
1	屋顶及落地设置的显示屏构架	顶点水平位移	≤H/300
2	安装屏杆	挠度值	≤L/300(L≤3m时)
3	水平抗风桁架或梁	挠度值	≤L/250(L≤3m时)
4	垂直抗风桁架或柱	挠度值	≤L/300(L≤5m时)
5	横杆、纵杆、竖杆、斜杆	挠度值	≤L/200

注：H为结构顶点离屋面（地面）高度；L为两支承（受力）点距离。

特别注意：这里把变形具体要求也作为强条，显然比对主体结构要求还严，笔者认为尽管不尽合理，但毕竟是强条，设计必须执行。

3.1.13 房屋建筑结构的作用分项系数应按下列规定取值：

1 永久作用：当对结构不利时，不应小于1.3，当对结构有利时，不应大于1.0。

2 预应力：当对结构不利时，不应小于1.3；当对结构有利时，不应大于1.0。

3 标准值大于4kN/m^{2}的工业房屋楼面活荷载，当对结构不利时不应小于1.4，当对结构有利时，应取为0。

4 除第3款之外的可变作用，当对结构不利时应不小于1.5，当对结构有利时，应取为0。

延伸阅读与深度理解

（1）本条由《建筑结构可靠性设计统一标准》GB 50068-2018 及《建筑结构荷载规范》GB 50009-2012 中第 3.2.4 条整合而来。

（2）荷载效应组合的设计值中，荷载分项系数应根据荷载不同的变异系数和荷载的具体组合情况（包括不同荷载的效应比），以及与抗力有关的分项系数的取值水平等因素确定，以使在不同设计情况下的结构可靠度能趋于一致。对永久作用系数 γ_G 和可变荷载系数 γ_Q 的取值，分别根据对结构构件承载能力有利和不利两种情况，作出了具体规定。

（3）在“以概率理论为基础、以分项系数表达的极限状态设计方法”中，将对结构可靠度的要求分解到各种分项系数设计取值中，作用（包括永久作用、可变作用等）分项系数取值越高，相应的结构可靠度设置水平也就越高，但从概率的观点看，一个结构可靠与否是随机事件，无论其可靠度水平有多高，都不能做到 100%安全可靠，总会有一定的失效概率存在，因此不可避免地存在着由于结构失效带来的风险（危及人的生命、造成经济损失、对社会或环境产生不利影响等），人们只能做到把风险控制在可接受的范围内。一般来说，可靠度设置水平越高风险水平就越低，相应的一次投资的经济代价也越高；相反，可靠度设置水平越低风险水平就越高，而相应的一次投资的经济代价则越低。在经济发展水平较低的时候，对结构可靠度的投入受到经济水平的制约，在保证“基本安全”的前提下，人们不得不承受较高的风险；而在经济发展水平较高的条件下，人们更多会选择具有较高投入的结构可靠度从而降低所承担的风险。

（4）什么情况下活荷载分项系数可以取 1.4？

本规范 3.1.13-3 款标准值大于 $4kN/m^2$ 的工业房屋楼面活荷载，当对结构不利时，不应小于 1.4。注意只有工业建筑中楼面的活载值大于 $4kN/m^2$ 时的那部分楼面，分项系数可以取 1.4。

（5）预应力属于永久荷载吗？

在《建筑结构可靠性设计统一标准》GB 50068-2018 中，预应力是作为独立的一类荷载给出的。在该标准中规定，预应力分析系数根据对结构有利和不利分别取 1.3 或 1.0。考虑到预应力荷载只是在少部分的建筑结构构件中出现，为了避免给设计人员带来不必要的麻烦，通用规范没有在荷载组合表达式中单独列出。

（6）由于历史原因，国内各行业领域采用的分项系数有所不同。本条根据不同行业领域给出了分项系数的取值要求。

（7）风荷载作用分项系数取值为 1.5，对于地震作用分项取值见《建筑与市政工程抗震通用规范》GB 55002-2021。

（8）在倾覆、滑移或漂浮等有关结构整体稳定性的验算中，永久荷载效应一般对结构是有利的，荷载分项系数一般应取小于 1.0 的值。虽然各结构标准已经广泛采用分项系数表达方式，但对永久荷载分项系数的取值，如地下水荷载的分项系数，各地方有差异，目前还不可能采用统一的系数。因此，在本规范中原则上不规定与此有关的分项系数的取值，以免发生矛盾。当在其他结构设计规范中对结构倾覆、滑移或漂浮的验算有具体规定时，应按结构设计规范的规定执行，当没有具体规定时，对永久荷载分项系数应按工程经验采用不大于 1.0 的值，但不规定具体值，需要设计结合工程各种边界条件综合考虑。

【案例示例】

某挡土墙设计，在验算抗滑移、倾覆时，挡土墙的自重为静荷载，由于其对结构计算效应有利，荷载分项系数就应取 1.0；但当计算挡土墙强度及配筋时，荷载分项系数就应取 1.3。

3.1.14 公路桥涵结构永久作用的分项系数，应按表 3.1.14 采用。

表 3.1.14 公路桥涵结构永久作用的分项系数

作用类别		当作用效应对结构的承载力不利时	当作用效应对结构的承载力有利时
混凝土和圬工结构重力（包括结构附加重力）		1.2	1.0
钢结构重力（包括结构附加重力）		1.1～1.2	
预加力		1.2	
土的重力			
混凝土的收缩及徐变作用		1.0	
土侧压力		1.4	
水的浮力		1.0	
基础变位作用	混凝土和圬工结构	0.5	0.5
	钢结构	1.0	1.0

延伸阅读与深度理解

说明同 3.1.13。

3.1.15 港口工程结构的作用分项系数，应按表 3.1.15 采用。

表 3.1.15 港口工程结构的作用分项系数

荷载名称	分项系数	荷载名称	分项系数
永久荷载（不包括土压力、静水压力）	1.2	铁路荷载	1.4
五金钢铁荷载	1.5	汽车荷载	
散货荷载		缆车荷载	
起重机械荷载		船舶系缆力	
船舶撞击力		船舶挤靠力	
水流力		运输机械荷载	
冰荷载		风荷载	
波浪力（构件计算）		人群荷载	
一般件杂货、集装箱荷载	1.4	土压力	1.35
液体管道（含推力）荷载		剩余水压力	1.05

本条对港口工程荷载分项系数作出规定。说明同 3.1.14。

3.1.16　房屋建筑的可变荷载考虑设计工作年限的调整系数 γ_L 应按下列规定采用：

1　对于荷载标准值随时间变化的楼面和屋面活荷载，考虑设计工作年限的调整系数 γ_L 应按表 3.1.16 采用。当设计工作年限不为表中数值时，调整系数 γ_L 不应小于按线性内插确定的值。

表 3.1.16　楼面和屋面活荷载考虑设计工作年限的调整系数 γ_L

结构设计工作年限(年)	5	50	100
γ_L	0.9	1.0	1.1

2　对雪荷载和风荷载，调整系数应按重现期与设计工作年限相同的原则确定。

(1) 本条由《建筑工程可靠性设计统一标准》GB 50068-2018 第 8.2.1 条（非强条）调整为强条。

(2) 本条规定了设计工作年限的调整系数 γ_L，确定可采用两种方法：

1) 对于风、雪荷载，可通过选择不同重现期的值来考虑设计工作年限的变化。对温度作用，还没有太多设计经验，考虑设计工作年限的调整尚不成熟。因此，可变荷载调整系数的具体数据，仅限于楼面和屋面活荷载。

2) 对于荷载标准值不会随时间明显变化的荷载，如楼面均布活荷载中的书库、储藏室、机房、停车库，以及工业楼面均布活荷载等。不需要考虑设计工作年限调整系数。

3) 如果设计使用年限非 50 年，可变荷载的取值可以按《建筑结构荷载规范》GB 50009-2012 第 3.2.5 条条文说明中表 1 选取。

表 1　考虑设计年限的可变荷载调整系数 γ_L 计算值

设计使用年限(年)	5	10	20	30	50	75	100
办公楼活荷载	0.839	0.858	0.919	0.955	1.0	1.036	1.061
住宅活荷载	0.798	0.859	0.920	0.955	1.0	1.036	1.061
风荷载	0.651	0.756	0.861	0.923	1.0	1.061	1.105
雪荷载	0.713	0.799	0.886	0.936	1.0	1.051	1.087

【举例说明】如对于住宅建筑，笔者一直在呼吁应按设计工作年限为 70 年进行设计。荷载和作用效应按下列规定进行调整：

(1) 楼面和屋面活荷载标准值，应按现行国家标准《工程结构通用规范》GB 55001-

2021 规定的相应标准值乘以设计工作使年限调整系数 1.04；

（2）对雪荷载和风荷载，应取重现期 70 年的基本雪压和基本风压。如河北地标就给出 70 年基本风压，基本雪压。

附录 A 河北省主要城市风压、雪压设计值

A.0.1 河北省各城市重现期为 10 年、50 年、70 年和 100 年的雪压和风压可按表 A.0.1 采用。

表 A.0.1 河北省主要城市风压、雪压

城市名	海拔高度	风压(kN/m^2)				雪压(kN/m^2)			
		$R=10$	$R=50$	$R=70$	$R=100$	$R=10$	$R=50$	$R=70$	$R=100$
石家庄	80.5	0.25	0.35	0.38	0.40	0.20	0.30	0.33	0.35

（3）地震动参数也应取 70 年一遇取值，如河北地标给出如下条款。

5.7.5 建筑结构的地震影响系数应根据烈度、场地类别、设计地震分组和结构自振周期及阻尼比确定。其水平地震影响系数最大值按下式计算确定：

$$\alpha_{max}(70)=\psi\cdot\alpha_{max}(50) \tag{5.7.5}$$

式中：α_{max}（70）——设计基准期 70 年的水平地震影响系数最大值；

ψ——设计基准期 70 年时地震作用调整系数。多遇地震取 1.2，设防地震、罕遇地震取 1.15；

α_{max}（50）——设计基准期 50 年的水平地震影响系数最大值，应按表 5.7.5 采用。

表 5.7.5 水平地震影响系数最大值 α_{max}（50）

地震影响	6 度	7 度	8 度
多遇地震	0.04	0.08(0.12)	0.16(0.24)
设防地震	0.12	0.23(0.34)	0.45(0.68)
罕遇地震	0.28	0.50(0.72)	0.90(1.20)

注：7、8 度时括号内数值分别用于设计基本地震加速度为 0.15g 和 0.30g 的地区。

（4）当然 70 年结构的耐久性也应高于 50 年等相关规定。

（5）如果遇到按 70 年设计工作年限的住宅，可以参考河北省《七十年住宅工程结构设计标准》DB13（J）/T 8388-2020。

3.2 其他设计方法

3.2.1 采用容许应力法进行结构设计时，结构在作用标准组合或地震组合下的应力值应不超过材料的容许应力值。

3.2.2 采用安全系数法进行结构设计时，结构在作用标准组合或地震组合下的效应值乘以安全系数之后，不应超过结构或构件的抗力值。

3.2.3 结构或结构构件的疲劳破坏和正常使用条件下的设计，应根据设计需要采用相应的疲劳荷载模型和验算表达式。

延伸阅读与深度理解

3.2.1～3.2.3条：虽然目前工程结构设计大多采用以概率理论为基础、以分项系数表达的极限状态设计方法，但某些工程领域仍采用传统的容许应力法和单一安全系数进行设计。作为工程结构设计领域的强制性通用规范，必须对此作出规定。

我国在建筑结构设计领域积极推广并已得到广泛采用是以概率理论为基础、以分项系数表达的极限状态设计方法，但这并不意味着要排斥其他有效的结构设计方法，采用什么样的结构设计方法，应根据实际条件确定。概率极限状态设计方法需要以大量的统计数据为基础，当不具备这一条件时，建筑结构设计可根据可靠的工程经验或通过必要的试验研究进行，也可继续按传统模式采用容许应力或单一安全系数等经验方法进行。荷载对结构的影响除了其量值的大小外，荷载的离散性对结构的影响也相当大，因而不同的荷载采用不同的分项系数，如永久荷载分项系数较小，风荷载分项系数较大；另外，荷载对地基的影响除了其量值大小外，荷载的持续性对地基的影响也很大。例如对一般的房屋建筑，在整个使用期间，结构自重始终持续作用，因而对地基的变形影响大，而风荷载标准值的取值为50年一遇值，则对地基承载力和变形影响均相对较小，有风组合下的地基容许承载力应该比无风组合下的地基容许承载力大。基础设计时，如用容许应力方法确定基础底面积，用极限状态方法确定基础厚度及配筋，虽然在基础设计上用了两种方法，但实际上也是可行的。除上述两种设计方法外，还有单一安全系数方法，如在地基稳定性验算中，要求抗滑力矩与滑动力矩之比大于安全系数，钢筋混凝土挡土墙设计是三种设计方法有可能同时应用的一个例子：挡土墙的结构设计采用极限状态法，稳定性（抗倾覆稳定性、抗滑移稳定性）验算采用单一安全系数法，地基承载力计算采用容许应力法。如对结构和地基采用相同的荷载组合和相同的荷载系数，表面上是统一了设计方法，实际上是不正确的。设计方法虽有上述三种可用，但结构设计仍应采用极限状态法，有条件时采用以概率理论为基础的极限状态法。

第4章 结构作用

4.1 永久作用

4.1.1 结构自重的标准值应按结构构件的设计尺寸与材料密度计算确定。对于自重变异较大的材料和构件，对结构不利时自重标准值取上限值，对结构有利时取下限值。

延伸阅读与深度理解

（1）本条规定了结构自重荷载的确定方法。对于自重变异性较大的材料（如现场制作的保温材料、混凝土薄壁构件，尤其是制作屋面的轻质材料等），考虑到结构的可靠性，在设计中应根据该荷载对结构有利或不利，分别取其自重的下限值或上限值。此外，要注意的是建筑吊顶以及地面、墙面建筑做法也是决定结构自重的重要因素。

（2）永久作用可分为以下几类：

1）结构自重；

2）土压力；

3）水位不变的水压力；

4）预应力；

5）地基变形；

6）混凝土收缩；

7）钢材焊接变形；

8）引起结构外加变形或约束变形的各种施工因素。

（3）另外也应特别注意砌块类材料的干密度与实际综合密度的问题。

如：蒸压加气混凝土砌块的密度级别有B03、B04、B05、B06、B07、B08六个级别，B05表示其干密度为500kg/m^3。那我们计算墙体自重的时候是否就可以直接采用这个干密度呢？

蒸压加气混凝土砌块干密度级别见表2-4-1，干砌砌块见图2-4-1。

蒸压加气混凝土砌块干密度级别 **表2-4-1**

干密度级别		B03	B04	B05	B06	B07	B08
干密度（kg/m^3）	优等品（A）	≤300	≤400	≤500	≤600	≤700	≤800
	合格品（B）	≤325	≤425	≤525	≤625	≤725	≤825

相关规范规定：

《蒸压加气混凝土建筑应用技术规程》JGJ/T 17-2008第4.0.8条：加气混凝土砌体和配筋构件重量可按加气混凝土标准干容重乘系数1.4采用。

图 2-4-1　干砌砌块

《蒸压加气混凝土砌块砌体结构技术规范》CECS 289：2011 第 3.3.3 条：蒸压加气混凝土砌块砌体和配筋砌体的自重按加气混凝土干密度的 1.4 倍采用。

《蒸压加气混凝土砌块工程技术规程》DB42/T268-2012 第 4.2.5 条：砌体的自重标准值按加气混凝土标准干密度乘 1.4 系数。

《蒸压加气混凝土砌块自承重墙体技术规程》DBJ 15-82-2011 第 4.4.3 条：蒸压加气混凝土砌体的标准荷载按干密度乘 1.4 系数计算。

特别注意：前述 B05 的 500kg/m^3 是干密度，是不含水状况下测定的，砌块实际使用时是含水的，而且还有灰缝、拉结筋、圈梁和构造柱等密度较大的成分。故综合考虑砌块产品密度离散性大、超密度、较大含水率、砌筑胶结材料超重以及墙体砌筑构造选用钢筋和混凝土等因素，并结合近年来的工程实践，砌体自重标准值以加气混凝土体积干密度为基准，给定一个综合增重系数 1.4。

【算例】如某工程采用 600mm×200mm×180mm 加气混凝土砌块，如图 2-4-2 所示。

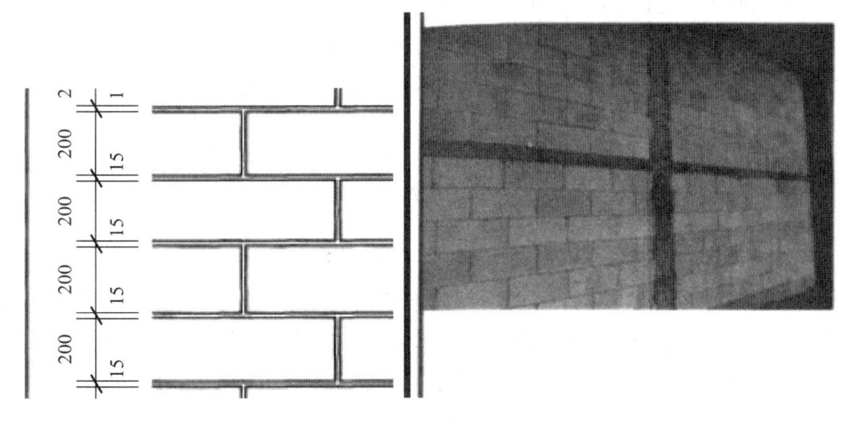

图 2-4-2　加气混凝土砌块填充内墙

加气混凝土砌块综合容重计算：

加气块体材料体积为 0.6m×0.18m×0.2m，灰缝厚度为 15mm（根据规范 7.3.15 第 2 款）；

高度方向：取 5 皮砖+5 皮水平灰缝高度 1.075m；

墙长方向：取 1 块砖+1 道立缝灰缝墙长 0.615m；

A3.5 级：干容重为 6.25kN/m^3。

砌块重量：6.25×0.18×1×0.615=0.692kN；

5 道水平灰缝重量：(17×0.015×0.18×0.615) ×5=0.141kN；

1 道竖缝重量：17×0.015×0.18×1=0.0459kN；

拉结钢筋 2φ6，沿高度方向约 2.5 道（2×2.22×10^{-3}×0.615）×2.5=6.8265×10^{-3}kN；

考虑构造柱 200mm×200mm，每 3m 一道；

折合为计算区间重量 25×0.2×0.2×1.075/3×0.615=0.22kN；

∑G2=0.692+0.141+0.0459+6.8265×10^{-3}+0.22=1.106kN；

综合容重为 1.106/(0.615×0.18×1.075）=9.294kN/m^3；

与干密度的比值：9.294/6.25=1.48 倍。

加气混凝土砌块综合容重算例：

加气块材料体积为 0.6m×0.2m×0.18m，灰缝厚度为 15mm；

高度方向：取 5 皮砌块+5 道水平缝总高度 1.075m（0.2×5+0.015×5）；

墙长方向：取 1 块砌块+1 道竖缝灰缝宽总长 0.615m（0.6+0.015）；

A3.5 级：干容重 6.25kN/m^3。

砌块重量：6.25×0.18×1×0.6=0.675kN；

5 道水平缝重量：(17×0.015×0.18×0.615) ×5=0.141kN；

1 道竖缝重量：17×0.015×0.18×1=0.0495kN；

拉结钢筋 2φ6，沿高度方向约 2.5 道（2×2.22×10^{-3}×0.615）×2.5=6.8265×10^{-3}kN；

构造柱 200mm×180mm 每 4m 一道：

折合计算区间重量（25×0.2×0.18×1.075/4）×0.615=0.14875kN；

∑G2=0.675+0.141+0.0495+6.8265×10^{-3}+0.14875=1.021kN；

综合容重为 1.021/（0.615×0.18×1.075）=8.58kN/m^3；

与干密度之比为：8.58/6.25=1.37。

【工程案例】2019 年笔者单位某工程

内墙 1：

加气混凝土砌块墙（200）　7×1.4×0.2=1.96kN/m^2；

3mm 厚外加剂专用砂浆打底刮糙或专用界面剂一道甩毛 20×0.003=0.06kN/m^2；

8mm 厚 1：1：6 水泥石灰膏砂浆打底扫毛或划出纹道 20×0.008=0.16kN/m^2；

5mm 厚 1：0.5：2.5 水泥石灰膏砂浆找平 20×0.005=0.1kN/m^2；

2mm 厚面层耐水腻子分遍刮平（仅用于住宅部分）；

乳白色内墙涂料两道（用户自理）；

∑：2.28kN/m^2 取 2.3kN/m^2。

4.1.2 位置固定的永久设备自重应采用设备铭牌重量值；当无铭牌重量时，应按实际重量计算。

延伸阅读与深度理解

对于位置固定的永久设备，其随时间的变异性很小，因此也作为永久作用处理。

4.1.3 隔墙自重作为永久作用时，应符合位置固定的要求；位置可灵活布置的隔墙自重应按可变荷载考虑。

延伸阅读与深度理解

（1）荷载类型的判断，直接影响到分项系数的取值，进而影响到结构安全性，经济合理性。位置可以灵活布置的隔墙，从时间变异性上看与可变荷载类似，应按照楼面活荷载处理。

（2）对于灵活布置的隔墙这里并没有给出具体如何计算，笔者建议参考《建筑结构荷载规范》GB 50009-2012 表 5.1.1。

表 5.1.1 注 6：本表各项荷载不包括隔墙自重和二次装修荷载；对固定隔墙的自重应按永久荷载考虑，当隔墙位置可灵活自由布置时，非固定隔墙的自重应取不小于 1/3 的每延米长墙重（kN/m）作为楼面活荷载的附加值（kN/m^2）计入，且附加值不应小于 $1.0kN/m^2$；

对于此条工程界有以下几种处理方式：

1）对于有固定位置且采取轻质隔墙时，往往工程设计不在墙下设置次梁，而是将墙直接放在楼板上，有的设计人员不管这个隔墙荷载，仅在隔墙位置楼板中设置几根加强筋。这种处理方法肯定是不合适的，遗漏了墙体荷载，对结构整体及构件计算都是不合适的，可能会有安全隐患存在。

2）也有设计人员考虑到这个轻质隔墙荷载，在隔墙位置设置所谓"虚梁"（100mm×100mm），然后将隔墙荷载加到这个"虚梁"之上，这个方法也是不妥当的。采用这种处理对结构的整体计算是可行的，但对于直接支承的梁与板来说是不合适的，由于设置"虚梁"改变了板荷载传递分布规律。

【工程案例】笔者单位北京某工程，为了让设计人明白任意使用"虚梁"造成的隐患，笔者让设计师在一个平面对称部位，一侧（右侧）按等效均布考虑，另一侧（左侧）在隔墙位置设置"虚梁"（100mm×100mm），然后将隔墙荷载加到"虚梁"上。由图 2-4-3 所示的计算结果可以看出，板支座配筋相差近 2 倍。

4.1.4 土压力应按设计埋深与土的单位体积自重计算确定。土的单位体积自重应根据计算水位分别取不同密度进行计算。

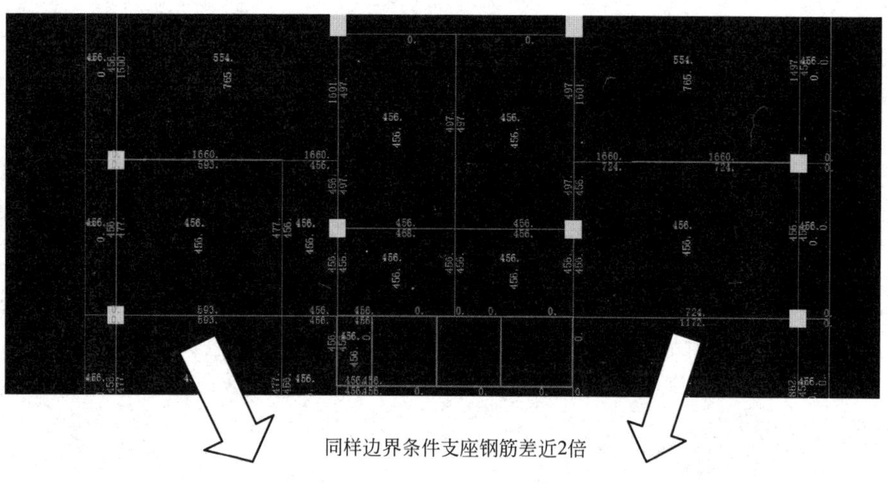

图 2-4-3　某标准层平面

延伸阅读与深度理解

本条规定了土压力的计算原则。

（1）土的天然密度：是指土单位体积中固体颗粒部分的重量，也称为土的干密度，在工程上通常把干密度作为评定土体紧密程度的标准，以控制填土工程的施工质量。

（2）土的浮容重：是指在地下水位以下，单位土体积中土粒的重量扣除浮力后，即为单位体积中土粒的有效重量，称为土的浮容重。如北京地标建议地下水位以下的土重度，可以近似取 11kN/m^3，不应以为水下土重度就是将土的水上重度减去水浮力 10kN/m^3 即可。比如某种土水上重度为 18kN/m^3，则水下重度就是 18－10＝8kN/m^3，这种取法是错误的。

（3）土的饱和容重：是指土空隙中充满水时的单位体积重量。

4.1.5　预加应力应考虑时间效应影响，采用有效预应力。

延伸阅读与深度理解

预应力作为永久作用时，应当采用有效预应力。

4.2　楼面和屋面活荷载

4.2.1　采用等效均布活荷载方法进行设计时，应保证其产生的荷载效应与最不利堆放情况等效；建筑楼面和屋面堆放物较多或较重的区域，应按实际情况考虑其荷载。

延伸阅读与深度理解

（1）本条规定了楼面和屋面活荷载的处理原则。要求对于局部荷载（线荷载、局部面荷载、集中荷载等）等效为楼面均布荷载时，应保证等效后其产生的荷载效应与最不利堆放情况等效。

（2）实际工程中对于固定的荷载（线荷载、局部面荷载、集中荷载等）可参考《建筑结构荷载规范》GB 50009-2012 附录 C“楼面等效均布荷载的确定方法”进行等效。

（3）实际工程中如果线荷载、局部面荷载、集中荷载等非固定，往往需要先用影响线法找出局部荷载的最不利位置，然后再进行等效。

（4）这种等效对于局部荷载不大的情况，是可以近似按《建筑结构荷载规范》附录 C 进行，但对于荷载较大时，应按实际情况考虑其荷载，也就是说，不能近似按《建筑结构荷载规范》附录 C 进行等效。

（5）提醒设计师特别注意，近些年工程界对于局部荷载通常采用以下两种处理手法：

1）填充墙荷载、局部的设备荷载等，通常的处理方式是把荷载均摊到房间，仍然按照均布荷载进行处理，在局部荷载比较小的情况下，按照这样的方式对结构安全性影响不会很大。但是当局部荷载分布极不均匀，或者局部荷载影响较大时，这种均摊的方式会造成某些构件的内力及配筋偏小，可能造成结构设计不安全。

2）还有一些设计师在对实际工程中楼面上布置的填充墙，或某些局部线荷载处理时，直接在楼板上布置“虚梁”或“暗梁”，然后按照梁间荷载的方式施加，如果直接在板中加暗梁，虽然较方便地布置了板面荷载，但是通常在后续的梁、柱、墙及楼板设计中会导致一系列的问题，如：

① 加了“虚梁”或“暗梁”，会由于房间被分成两个，进而引起软件对中梁刚度放大系数的计算引起变化（软件默认按照房间的跨度去判断并计算中梁刚度放大系数）。

② 加了“虚梁”或“暗梁”，由于房间被划分成几个小房间，也会引起房间的导荷发生变化（房间导荷时按照每一个房间，采用梯形三角形方式导荷）。

③ 加了“虚梁”或“暗梁”，由于房间被分成小房间，也会影响软件对于活荷载折减系数的判断（软件默认按照房间大小判断活荷载折减系数）。

【工程案例】 2013 年北京某设计院设计的新疆某学校屋顶平台，柱间距 2.3m×9.6m，实际是无梁板，板厚 150mm，施工拆除模板后，发现板的挠度达到 100mm 左右（图 2-4-4），复查发现原设计在计算时采用了纵横两个方向“暗梁”进行整体框架计算，配筋如图 2-4-5 所示。

图 2-4-4 现场照片

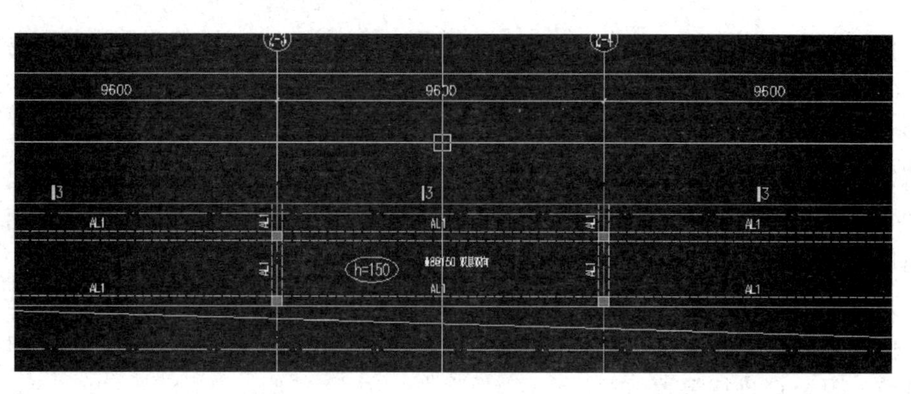

图 2-4-5 实际配筋图

3）由于软件中都有局部荷载处理的功能，建议设计师在建模中直接输入楼面局部荷载（楼面局部线荷载、楼面局部面荷载、楼面局部点荷载三种类型）进行详细设计，这样能比较准确地反映荷载的实际分布情况对梁、柱、墙及板设计的影响。但要注意以下两点：

① 对于楼板，无论边界条件支承情况如何，如果其上添加了局部荷载，则此时板只能采用有限元计算法，其他方法不再适用；

② 如果楼板想要采用按静力计算手册的弹性算法或塑性极限理论计算，此时局部荷载必须首先等效为均布荷载。

4.2.2 一般使用条件下的民用建筑楼面均布活载标准值及其组合值系数、频遇值系数和准永久值系数的取值，不应小于表 4.2.2 的规定。当使用荷载较大，情况特殊或有专门要求时，应按实际情况采用。

表 4.2.2 民用建筑楼面均布活荷载标准值及其组合值系数、频遇值系数和准永久值系数

项次	类别	标准值（kN/m^2）	组合值系数 ψ_c	频遇值系数 ψ_f	准永久值系数 ψ_q
1	(1)住宅、宿舍、旅馆、医院病房、托儿所、幼儿园	2.0	0.7	0.5	0.4
	(2)办公楼、教室、医院门诊室	2.5	0.7	0.6	0.5
2	食堂、餐厅、试验室、阅览室、会议室、一般资料档案室	3.0	0.7	0.6	0.5
3	礼堂、剧场、影院、有固定座位的看台、公共洗衣房	3.5	0.7	0.5	0.3
4	(1)商店、展览厅、车站、港口、机场大厅及其旅客等候室	4.0	0.7	0.6	0.5
	(2)无固定座位的看台	4.0	0.7	0.5	0.3
5	(1)健身房、演出舞台	4.5	0.7	0.6	0.5
	(2)运动场、舞厅	4.5	0.7	0.6	0.3
6	(1)书库、档案库、储藏室(书架高度不超过 2.5m)	6.0	0.9	0.9	0.8
	(2)密集柜书库(书架高度不超过 2.5m)	12.0	0.9	0.9	0.8
7	通风机房、电梯机房	8.0	0.9	0.9	0.8
8	厨房 (1)餐厅	4.0	0.7	0.7	0.7
	厨房 (2)其他	2.0	0.7	0.6	0.5

续表

项次	类别		标准值 (kN/m²)	组合值系数 ψ_c	频遇值系数 ψ_f	准永久值系数 ψ_q
9	浴室、卫生间、盥洗室		2.5	0.7	0.6	0.5
10	走廊、门厅	(1)宿舍、旅馆、医院病房、托儿所、幼儿园、住宅	2.0	0.7	0.5	0.4
		(2)办公楼、餐厅、医院门诊部	3.0	0.7	0.6	0.5
		(3)教学楼及其他可能出现人员密集的情况	3.5	0.7	0.5	0.3
11	楼梯	(1)多层住宅	2.0	0.7	0.5	0.4
		(2)其他	3.5	0.7	0.5	0.3
12	阳台	(1)可能出现人员密集的情况	3.5	0.7	0.6	0.5
		(2)其他	2.5	0.7	0.6	0.5

延伸阅读与深度理解

(1) 楼面活荷载是建筑结构设计的重要依据，直接关系结构的安全与正常使用，尤其对楼板和梁等竖向承力构件，活荷载往往是控制性荷载，作为强条必须严格执行。

(2) 本条规定了民用建筑楼面均布活荷载的标准值及其组合值、频遇值和准永久值系数。规定的取值为设计时必须遵守的最低要求。如设计中有特殊需要，荷载标准值及其组合值、频遇值和准永久值系数的取值可以适当提高。

(3) 楼面活荷载标准值和各系数来自大量的调查统计和设计经验。楼面活荷载的随机变异性体现在空间和时间两个维度，考虑到活荷载随空间的随机变异非常复杂，对概率分布模型和参数的研究很难，因此在楼面活荷载统计时仅近似考虑其随时间的随机变异特性。楼面活荷载按其随时间变异的特点，可分持久性和临时性两部分。持久性活荷载是指楼面上在某个时段内基本保持不变的荷载，例如住宅内的家具、物品，工业房屋内的机器、设备和堆料，还包括常住人员自重。这些荷载，除非发生一次搬迁，一般变化不大。临时性活荷载是指楼面上偶尔出现短期荷载，例如聚会的人群、维修时工具和材料的堆积、室内扫除时家具的集聚等。

(4) 除了基于概率统计确定楼面活荷载的方法外，对以相对固定的设备自重为主的工业建筑楼面，楼面活荷载主要依据定值等效的方法来确定，即通过调查代表性设备自重，根据不同用途楼面设备的典型布置，按等效均布的方法确定活荷载的标准值。停车库和消防车活荷载标准值主要也是依据等效均布的方法确定的。采用上述楼面活荷载标准值必须注意等效均布计算时典型设备或车辆的型号和自重，如果实际使用的设备或车辆自重超出计算型号，活荷载标准值必须相应增加。此外，另有部分楼面活荷载和屋面活荷载，是根据设计和使用中积累的经验或广泛认可的数据来确定的。

(5) 特别注意，本规范提高了部分功能房间的活载取值：如办公楼、教室、医院门诊楼由原来 2.0kN/m^2 提高到 2.5kN/m^2；食堂、餐厅、实验室、阅览室、会议室、一般资料档案室由原来 2.5kN/m² 提高到 3.0kN/m²；礼堂、剧场、影院、有固定座位的看台、公共洗衣房由原来 3.0kN/m² 提高到 3.5kN/m²，运动场、舞厅由 4.0kN/m² 调整到 4.5kN/m²……相关类别功能主要变化对比见表 2-4-2。

部分功能活载变化对比 **表 2-4-2**

相关类别	《建筑结构荷载规范》GB 50009-2012	《工程结构通用规范》GB 55001-2021	变化
办公楼、医院门诊室	2.0kN/m²	2.5kN/m²	+0.5kN/m²
实验室、阅览室、会议室	2.0kN/m²	3.0kN/m²	+1.0kN/m²
一般资料档案室、食堂、餐厅	2.5kN/m²	3.0kN/m²	+0.5kN/m²
礼堂、剧场、影院、有固定座位的看台、公共洗衣房	3.0kN/m²	3.5kN/m²	+0.5kN/m²
商店、展览厅、车站、港口、机场大厅、旅客等候室、无固定座位的看台	3.5kN/m²	4.0kN/m²	+0.5kN/m²
健身房、演出舞台、运动场地、舞厅	4.0kN/m²	4.5kN/m²	+0.5kN/m²
书库、档案室、储藏室(书架高度不超过 2.5m)	5.0kN/m²	6.0kN/m²	+1.0kN/m²
通风机房、电梯机房	7.0kN/m²	8.0kN/m²	+1.0kN/m²
走廊、门厅(办公楼、餐厅、医院门诊部)	2.5kN/m²	3.0kN/m²	+0.5kN/m²
屋面运动场地	3.0kN/m²	4.5kN/m²	+1.5kN/m²
水平投影面积大于 60m² 轻钢屋面刚架	0.3kN/m²	4.2.8 条(取消此附加条款) 0.5kN/m²	+0.2kN/m²
中小学小栏杆顶部水平荷载	1.0kN/m	1.5kN/m	+0.5kN/m
地下室顶板施工活荷载	4.0kN/m²	5.0kN/m²	+1.0kN/m²
标准值大于 4kN/m² 的工业房屋楼面活荷载分项系数	1.3	1.4	+0.1
车辆通道和停车库荷载 3m≤板短边 L≤6m 板跨	客车:4.0kN/m²; 消防车:35.0kN/m²	客车:(5.5−0.5L)kN/m² 消防车:(50−5L)kN/m²	荷载大小不是固定值
顺风向风振系数	未对该值最小值限制	最小值不应小于 1.2	增加最小值限制

(6) 第 5 项运动场不包含屋顶运动场，屋顶运动场取值见 4.2.6 条。

(7) 楼梯单列一项，提高除多层住宅外其他建筑楼梯的活荷载标准值。在发生特殊情况时，楼梯对于人员疏散与逃生的安全性具有重要意义。2008 年 5 月 12 日汶川地震后，楼梯的抗震构造措施已经大大加强。除了使用人数较少的多层住宅楼梯的活荷载仍按

2.0kN/m^2 取值外，其余楼梯活荷载取值均改为 3.5kN/m^2。

这里的多层住宅到底是指几层呢？主要有以下几种定义：

1）《高层建筑混凝土结构技术规程》JGJ 3-2010 中第 2.1.1 条：10 层或 10 层以上或高度大于 28m 的住宅称为高层住宅。

2）《建筑设计防火规范》GB 50016-2014（2018 版）定义：建筑高度大于 27m 的住宅即为高层建筑。

3）《建设工程设防分类标准》GB/T 50841-2013 规定：居住建筑按使用功能不同分为别墅、公寓、普通住宅等，按照地上层数和高度分为低层建筑（1～3 层），多层建筑（4～6 层），中高层建筑（7～9 层）和高层建筑（10 层及以上）。

基于以上分析，笔者认为按 8 层和 27m 界定比较合理。

（8）本表是依据《建筑结构荷载规范》GB 50009-2012 第 5.1.1 条及部分表下注整合而来，但需要注意表 5.1.1 的 6 条表下注各自的出处：

表 5.1.1 表下注如下：

注：1 本表所给各项活荷载适用于一般使用条件，当使用荷载较大、情况特殊或有专门要求时，应按实际情况采用；

2 第 6 项书库活荷载当书架高度大于 2m 时，书库活荷载尚应按每米书架高度不小于 2.5kN/m^2 确定；

3 第 8 项中的客车活荷载仅适用于停放载人少于 9 人的客车；消防车活荷载适用于满载总重为 300kN 的大型车辆；当不符合本表的要求时，应将车轮的局部荷载按结构效应的等效原则，换算为等效均布荷载；

4 第 8 项消防车活荷载，当双向板楼盖板跨介于 3m×3m～6m×6m 时，应按跨度线性插值确定；

5 第 12 项楼梯活荷载，对预制楼梯踏步平板，尚应按 1.5kN 集中荷载验算；

6 本表各项荷载不包括隔墙自重和二次装修荷载；对固定隔墙的自重应按永久荷载考虑，当隔墙位置可灵活自由布置时，非固定隔墙的自重应取不小于 1/3 的每延米长墙重（kN/m）作为楼面活荷载的附加值（kN/m^2）计入，且附加值不应小于 1.0kN/m^2。

① 注 1 体现在正文“当使用荷载较大，情况特殊或有专门要求时，应按实际情况采用”。

② 注 2 体现在表 6 项中。

③ 注 3、注 4 单独给出条文（4.2.3 条）。

④ 注 5 没有体现，但笔者建议对预制楼梯依然需要验算。

⑤ 注 6 没有体现，但笔者认为依然需要考虑可变隔墙的活载作用。

（9）表中的浴室、卫生间、盥洗间活载标准取值涵盖哪些范围？

表中给出的浴室、卫生间、盥洗间活载标准取值仅适用住宅和办公楼的一般用途，卫生间不包含带有分隔蹲厕的公共卫生间，浴室不包含装有大型按摩浴缸等设备的公共浴室。

（10）第 10 项（3）除了教学楼外，其他可能出现人员密集的情况具体指哪些情况？

其他可能出现人员密集情况的公共建筑如会场、影院、剧场、体育馆等以及与消费疏散楼梯相连的走廊、门厅。

（11）第 12 项可能出现人员密集的阳台是指学校、会场、影院、剧场、体育馆等公共建筑中的阳台及露台。

（12）本次通风机房、电梯机房活载由 7.0kN/m² 提高到 8.0kN/m²。这个表中的通风机房、电梯机房仅适用于一般住宅和办公楼的空调设备和电梯，对其他类建筑应按设备规格等实际情况另行考虑。

（13）楼梯单列一项，提高除多层住宅外其他建筑楼梯的活荷载标准值。在发生特殊情况时，楼梯对于人员疏散与逃生的安全性具有重要意义。汶川地震后，楼梯的抗震构造措施已经大大加强。在本次修订中，除了使用人数较少的多层住宅楼梯活荷载仍按 2.0kN/m² 取值外，其余楼梯活荷载取值均改为 3.5kN/m²。

（14）第 11 项楼梯，当多层住宅的楼梯兼做消防疏散楼梯可能出现人员密集的情况时，如何取值？办公楼楼梯间的前室如何取值？

对于多层住宅楼梯即使作为消费疏散楼梯，其活载值一般也不会超过 2.0kN/m²，所以不用再提高；办公楼楼梯前室与消费疏散楼梯连接时，应按“人员密集的情况考虑”，取值应为 3.5kN/m²，若仅为办公楼电梯间前室，则可按办公楼的门厅荷载取值 3.0kN/m²。

（15）特别注意第 2 项中的餐厅与第 8 项中的“餐厅”从字面理解都为餐厅，如何界定？

笔者的理解：第 8 项的主项是说“厨房”，说的是“厨房”的活载，后面 2 个子项是定语，表示餐厅的厨房（可以理解为那种专业厨房，这种厨房有比较多的设备和操作人员，见图 2-4-6）和其他普通厨房（如住宅厨房，见图 2-4-7）。图 2-4-8 为第 2 项的餐厅。

《建筑结构荷载规范》GB 50009-2001 版当年的写法如图 2-4-9 所示，这样写似乎更容易理解。当然，如果按笔者理解的意思这样写：餐厅的厨房 4.0kN/m²；一般的厨房 2.0kN/m²，恐怕没有人再有疑问了吧。

图 2-4-6 餐厅厨房（按 4.0kN/m²）

4.2.3 汽车通道及客车停车库的楼面均布活荷载标准值及其组合系数、频遇值系数和准永久值系数的取值，不应小于表 4.2.3 的规定。当应用条件不符合本表要求时，应按效应等效原则，将车轮的局部荷载换算为等效均布荷载。

图 2-4-7 一般厨房（2.0kN/m²）

图 2-4-8 餐厅（按 3.0kN/m²）

项次	类别	标准值 (kN/m²)
9	厨房(1)一般的 (2)餐厅的	2.0 4.0

图 2-4-9 2001 版荷载规范

表 4.2.3 汽车通道及客车车库的楼面均布活荷载

类别		标准值（kN/m^2）	组合值系数 ψ_c	频遇值系数 ψ_f	准永久值系数 ψ_q
单向板楼盖（2m≤板跨 L）	定员不超过 9 人的小型客车	4.0	0.7	0.7	0.6
	满载总重不大于 300kN 的消防车	35.0	0.7	0.5	0.0
双向板楼盖（3m≤板跨短边 L≤6m）	定员不超过 9 人的小型客车	$5.5-0.5L$	0.7	0.7	0.6
	满载总重不大于 300kN 的消防车	$50.0-5.0L$	0.7	0.5	0.0
双向板楼盖（6m≤板跨短边 L）和无梁楼盖（柱网不小于 6m×6m）	定员不超过 9 人的小型客车	2.5	0.7	0.7	0.6
	满载总重不大于 300kN 的消防车	20.0	0.7	0.5	0.0

延伸阅读与深度理解

（1）《建筑结构荷载规范》GB 50009-2012 对消防车活荷载进行了深入研究和广泛的计算，消防车楼面活荷载按等效均布活荷载确定，分析计算中扩大了楼板跨度的取值范围，考虑了覆土厚度影响。计算中选用的消防车为重型消防车，全车总重 300kN，有 2 个前轮与 4 个后轮，前轴重为 60kN，后轴重为 2×120kN，轮压作用尺寸均为 0.2m×0.6m。选择的楼板跨度为 2～4m 的单向板和跨度为 3～6m 的双向板。计算中综合考虑了消防车台数、楼板跨度、板长宽比以及覆土厚度等因素的影响，按照荷载最不利布置原则确定消防车位置，采用有限元软件分析了在消防车轮压作用下不同板跨单向板和双向板的等效均布活荷载值。根据单向板和双向板的等效均布活荷载值计算结果，本次修订规定板跨在 3m 至 6m 之间的双向板，活荷载可根据板跨按线性插值确定。

当板顶有覆土时，可根据覆土厚度对活荷载进行折减，在《建筑结构荷载规范》的附录 B 中，给出了不同板跨、不同覆土厚度的活荷载折减系数。在计算折算覆土厚度的公式（B.0.2）中，假定覆土应力扩散角为 35°（其中的常数 1.43 是 tan35°的倒数），使用者可以根据具体情况采用实际的覆土应力扩散角度按此式计算折算覆土厚度。对于消防车不经常通行的车道，也即除消防站以外的车道，适当降低了其荷载的频遇值和准永久值系数。

（2）特别注意本次给出双向板跨度 3～6m 的车辆活载取值方法。

（3）对于双向板跨度小于 3m×3m 的情况，采取多大荷载？

这种情况实际工程中也是比较常见的，由于根据等效均布活荷载计算，当双向板跨度小于 3m×3m 时，按各种最不利情况综合考虑的等效均布荷载很大，因此规范没有列入。均布荷载与板跨的线性关系也不再适用。笔者建议如下：

1）遇到类似问题建议优先调整梁的布置以适应规范；

2）如果调整确实有困难，可以按实际情况做等效均布荷载计算，但不得小于 $35kN/m^2$；

3）当板跨接近 3m×3m 时（如 2.8m×2.8m），也可以近似地按 3m×3m～6m×6m 的线性关系适当线性插入取值。

（4）当双向板跨度介于 3m×3m～6m×6m 时，本规范给出了具体插入方法。对于非

正方形双向板 L 应取其短边长度。

（5）对于板跨度大于 6m×6m 的双向板，其消防车荷载也不应小于 20kN/m^2。

（6）对于不同重量的消防车，设计师应按轮压近似折算考虑。如《全国民用建筑工程设计技术措施》2003 版给出消防汽车荷载 550kN 的轮距轮压资料；两前轴重力 30kN，四中轴 2×120kN、四后轴 2×140kN；业界有人取 55/30=1.83 倍（按总重量比），这样是不合适的，应该按 140/120=1.17 倍（按后轴轮压比）。

【知识点拓展】

（1）当单向板跨度为 2～4m 时，消防车荷载可按跨度在 35～25kN/m^2 之间插入，见表 2-4-3。

单向板不同跨度荷载标准值取值参考　　**表 2-4-3**

板跨度(m)	2	3	4
荷载标准值(kN/m^2)	35	30	25

（2）当双向板楼盖板短跨度介于 3m×3m～6m×6m 时，应按跨度线性插入，见表 2-4-4。

双向板不同跨度荷载标准值取值参考　　**表 2-4-4**

板短跨跨度(m)	2	3	4
荷载标准值(kN/m^2)	35	30	25

（3）双向板或无梁楼盖（柱距小于 6m×6m）时，消防车荷载标准值如何取值？

笔者认为此时应该大于 20.0kN/m^2；建议设计人员依据荷载等效的原则对其进行等效，不宜直接采用 20.0kN/m^2；当然也可改变结构布置以适应规范要求。

（4）对于密肋楼盖消防车荷载如何取值？笔者认为此时应不小于 35.0kN/m^2。

（5）消防车荷载下不计算结构的裂缝及挠度、不需要验算地基承载力；设计基础时也可不考虑消防车荷载作用。

注意：消防车荷载理论上应属偶然荷载，但考虑其偶然出现，但荷载还不够大，所以规范没有将其归在偶然荷载中。

（6）《建筑结构荷载规范》GB 50009-2012 给出的消防车库荷载是基于：全车总重 300kN，前轴重力为 60kN，后轴为 2×120kN，共有 2 个前轮、4 个后轮，轮压作用尺寸为 0.2m×0.6m。选择的楼板跨度为 2～4m 的单向板和 3～6m 的双向板。计算中综合考虑消防车台数、楼板跨度、板长宽比以及覆土厚度等因素的影响，按照荷载最不利的布置原则确定消防车位置，采用有限元软件分析统计的结果。

（7）如果消防车荷载及其他条件不满足上述条件就不能直接引用《建筑结构荷载规范》给出的荷载值，需要依据消防车荷载及相关参数，利用有限元进行具体分析确定。

（8）《全国民用建筑工程设计技术措施》2003 版有汽车荷载 550kN 的轮距、轮压资料；《全国民用建筑工程设计技术措施》2009 版附录 F 给出汽车荷载 700kN 的轮距、轮压资料，可供大家参考。

（9）提醒设计人员，如果在计算消防均布等效荷载时，顶板覆土厚度小于 0.5m，建议按《建筑结构荷载规范》附录 C“楼板等效均布活荷载的确定方法”计算等效活荷载及局部荷载冲对板的冲切验算。

(10) 对于计算梁、柱、墙、基础时都需要考虑消防车荷载的折减问题。

这点实际是考虑活荷载同时出现的概率问题，作用在楼面上的活荷载，不可能以标准值的大小同时布满在所有的楼面上，即活荷载的折减系数与楼面构件“从属的面积”密切相关，一般来讲楼面构件从属面积越大，活荷载折减系数应越大。

这里的“从属面积”是这样规定的：对单向板的梁，其从属面积为梁两侧各延伸二分之一梁间距范围的面积；对于支撑双向板的梁，其从属面积由板面的剪力零线围成；对于支撑梁的柱、墙，其从属面积为所支撑梁的从属面积之和；对于多层房屋，墙、柱的从属面积为其上所有柱、墙从属面积之和。

(11) 特别提醒注意：对于覆土厚度小于 0.7m 的消防车荷载，还需要考虑动荷载的影响，按表 2-4-5 乘以动力放大系数。

覆土厚度动力放大系数 **表 2-4-5**

覆土厚度(m)	≤0.25	0.30	0.40	0.50	0.60	≥0.70
动力系数	1.30	1.25	1.20	1.15	1.10	1.00

(12) 消防车荷载可否作为“偶然荷载”(图 2-4-10)?

图 2-4-10 消防车扑救场景

笔者认为可以按“偶然荷载”考虑，理由如下：

1) 根据概率原理，当建设工程发生火灾、消防车进行消防作业的同时，本地区发生 50 年一遇地震（多遇地震）的可能性是极小的。因此，对于建筑抗震设计来说，消防车荷载属于另一种偶然荷载，计算建筑的重力荷载代表值时，可以不予考虑。

2)《建筑结构可靠性设计统一标准》GB 50068-2018 中第 5.2.3 条条文说明把“火灾”已经界定为“偶然荷载”如下：

①撞击、②爆炸、③罕遇地震、④龙卷风、⑤火灾、⑥极严重的腐蚀、⑦洪水作用。

3) 本规范表 4.2.3 给出消防车的准永久值系数为“0”。

4)《建筑结构荷载规范》GB 50009-2012 有关消防车荷载的参编人、中国建筑设计研究院总工、国家勘察设计大师范重在《建筑结构》杂志 2011 年第 3 期发表的论文中明确指出：“在一般建筑中消防车属于偶然荷载”(注：所谓一般建筑，指非“消防大队的建筑以及公路桥涵”)。

5) 广东省《建筑结构荷载规范》DBJ 15-101-2014 的第 3.2.5-2 条规定，消防车的分项系数取 1.0（但要求消防车库及车道区域依然采用 1.4）。

6）中国建筑设计研究院编制的《结构设计统一技术措施》（2018版）之2.8.3条说明："消防车荷载……属于偶然作用。"其2.8.4条规定："一般工程，消防车等效均布活荷载的分项系数可取1.0。"

4.2.4　当采用楼面等效均布活荷载方法设计楼面梁时，本规范表4.2.2和表4.2.3中的楼面活荷载标准值的折减系数取值不应小于下列规定值：

1　表4.2.2中第1（1）项当楼面梁从属面积不超过$25m^2$（含）时，不应折减；超过$25m^2$时，不应小于0.9；

2　表4.2.2中第1（2）～7项当楼面梁从属面积不超过$50m^2$（含）时，不应折减；超过$50m^2$时，不应小于0.9；

3　表4.2.2中第8～12项应采用与所属房屋类别相同的折减系数；

4　表4.2.3对单向板楼盖的次梁和槽形板的纵肋不应小于0.8，对单向板楼盖的主梁不应小于0.6，对双向板楼盖的梁不应小于0.8。

4.2.5　当采用楼面等效均布活荷载方法设计墙、柱和基础时，折减系数取值应符合下列规定：

1　表4.2.2中第1（1）项单层建筑楼面梁的从属面积超过$25m^2$时不应小于0.9，其他情况应按表4.2.5规定采用；

2　表4.2.2中第1（2）～7项应采用与其楼面梁相同的折减系数；

3　表4.2.2中第8～12项应采用与所属房屋类别相同的折减系数；

4　应根据实际情况决定是否考虑表4.2.3中消防车荷载；对表4.2.3中的客车，对单向板楼盖不应小于0.5，对双向板楼盖和无梁楼盖不应小于0.8。

表4.2.5　活荷载按楼层的折减系数

墙、柱、基础计算截面以上的层数	2～3	4～5	6～8	9～20	>20
计算截面以上各楼层活荷载总和的折减系数	0.85	0.70	0.65	0.60	0.55

延伸阅读与理解

以下针对4.2.4及4.2.5条：

（1）作为强制性条文，本条规定的设计楼面墙、柱及基础时采用的活荷载的折减系数，是设计时必须遵守的最低要求，也就是说墙、柱及基础设计时采用的活荷载不能低于本条规定的折减系数与4.2.2条规定的活荷载标准值的乘积，但设计人员可以根据工程具体情况或出于简化目的，在墙、柱及基础设计时对楼面均布活荷载少折减或者不折减。

（2）作用在楼面上的活荷载，不可能以标准值的大小同时布满所有的楼面，因此在设计梁、墙、柱和基础时，还要考虑实际荷载沿楼面分布的变异情况，也即在确定梁、墙、柱和基础的荷载标准值时，还应按楼面活荷载标准值乘以折减系数。折减系数的确定实际上是比较复杂的，采用简化的概率统计模型来解决这个问题还不够成熟。目前除美国规范是按结构部位的影响面积来考虑外，其他国家均按传统方法，通过从属面积来考虑荷载折减系数。停车库及车道的楼面活荷载是根据荷载最不利布置下的等效均布荷载确定，因此本条文给出的折减系数，实际上也是根据次梁、主梁或柱上的等效均布荷载与楼面等效均布荷载的比值确定。

【计算案例 1】某幼儿园建筑，钢筋混凝土楼面梁布置如图 2-4-11 所示，其计算跨度 $l_0=7.5\mathrm{m}$，梁间距为 3.6m，楼板为钢筋混凝土板，求楼面梁承受的楼面均布活载标准值在梁上产生的均布线荷载标准值等于多少？

【计算解答 1】楼面梁的从属面积为 $A=3.6\mathrm{m}\times7.5\mathrm{m}=27\mathrm{m}^2>25\mathrm{m}^2$，幼儿园属于 4.2.2 条表 4.2.2 中的项次 1，故在计算楼面梁时楼面活载的标准值可以折减 0.9 [4.2.4-1]。

楼面梁承受的楼面均布荷载标准值在梁上产生的均布线荷载 $q_k=2.0\times3.6\times0.9=6.48\mathrm{kN/m}$，计算简图如图 2-4-12 所示（近似按单向板考虑）。

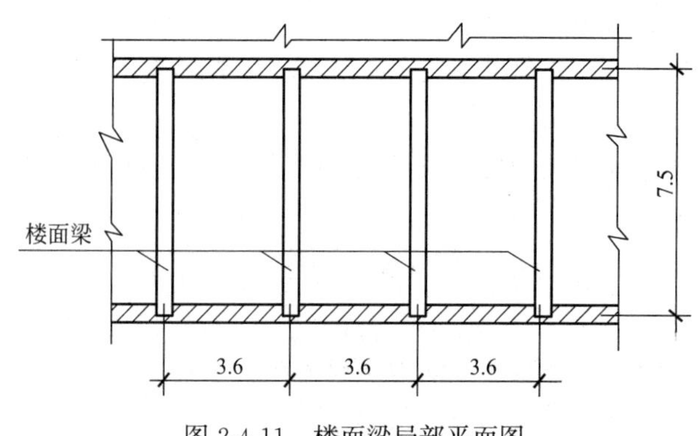

图 2-4-11 楼面梁局部平面图

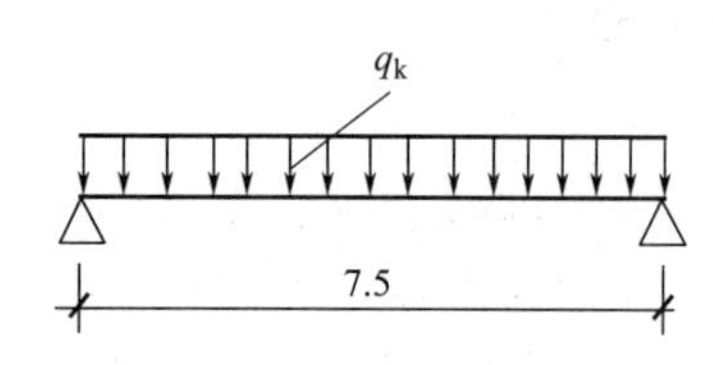

图 2-4-12 楼面梁计算简图

【计算案例 2】某办公楼会议室平面布置见图 2-4-13，其梁计算跨度 $l_0=9.0\mathrm{m}$，其上 6m×1.2m（长×宽）的预应力空心楼板，求楼面梁承受的楼面均布活荷载标准值在梁上产生的均布荷载标准值是多少？

【计算解答 2】楼面梁从属面积 $A=6\times9=54\mathrm{m}^2>50\mathrm{m}^2$，会议室属于 4.2.3 条表 4.2.3 中的项次 2，故在计算楼面梁时楼面活载标准值折减系数取 0.9 [4.2.4-2]。

楼面梁承受的楼面均布荷载标准值在梁上产生的均布线荷载 $q_k=3.0\times6\times0.9=16.2\mathrm{kN/m}$

计算简图如图 2-4-14 所示。

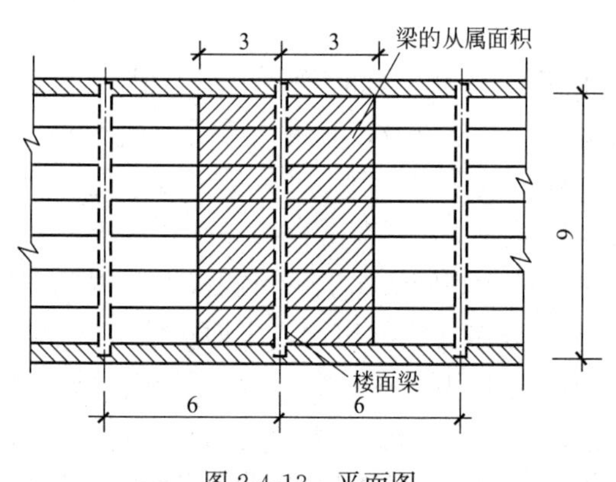

图 2-4-13 平面图

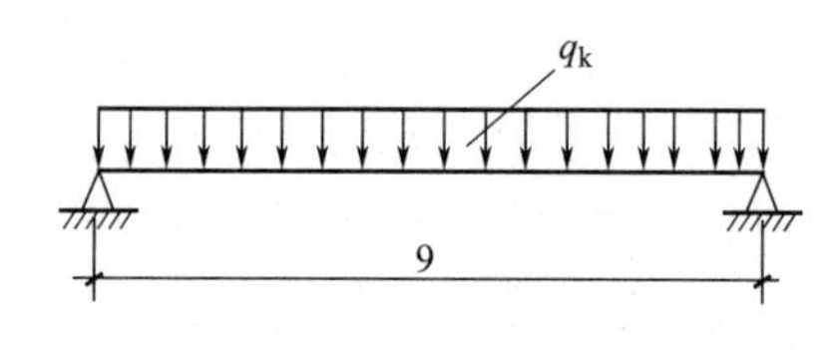

图 2-4-14 梁计算简图

【计算案例 3】某五层砌体结构宿舍楼，其建筑平面及剖面见图 2-4-15，楼板为预制短向预应力钢筋混凝土空心板，板面设有整体结合层，砖横墙承重，屋面为上人屋面，地面处无结构楼板，求轴线②横墙基础底部截面由各层楼面活荷载标准值产生的轴力（按每延米计算）。

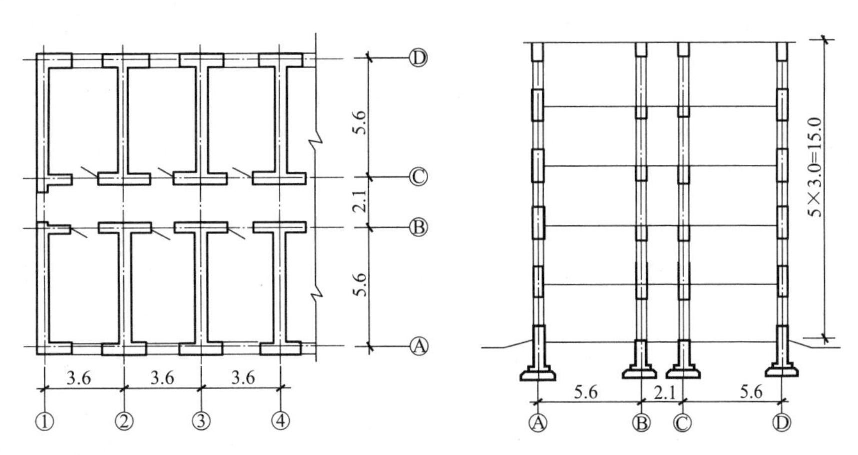

图 2-4-15 平剖面图

【计算解答 3】该建筑属于本规范表 4.2.2 中项次 1 情况，活载标准值为 2.0kN/m²，设计基础时楼层活荷载按楼层数折减系数由本规范表 4.2.5 取用，由于基础底部截面承受上部五层楼面活荷载，因此折减系数取 0.7。

故，轴线②横墙基础底部截面由各层楼面活荷载标准值产生的轴力（按每延米计算）$N_k=5\times2.0\times0.7\times3.6=25.2$kN/m。

（3）折减系数的确定比较复杂，采用简化的概率统计模型来解决这个问题还不够成熟。目前除美国规范是按结构部位的影响面积来考虑外，其他国家均按传统方法，通过从属面积考虑荷载折减系数。

（4）停车库及车道的楼面活荷载是根据荷载最不利布置下的等效均布荷载确定，因此本条文给出的折减系数，实际上也是根据次梁、主梁或柱上的等效均布荷载与楼面等效均布荷载的比值确定。

【计算案例 4】某停放轿车的停车库采用钢筋混凝土梁板体系，主、次梁布置如图 2-4-16 所示，柱距为 9.6m×7.8m，求次梁承受的楼面均布线荷载标准值及主梁承受的次梁传来的楼面活载集中力标准值是多少？

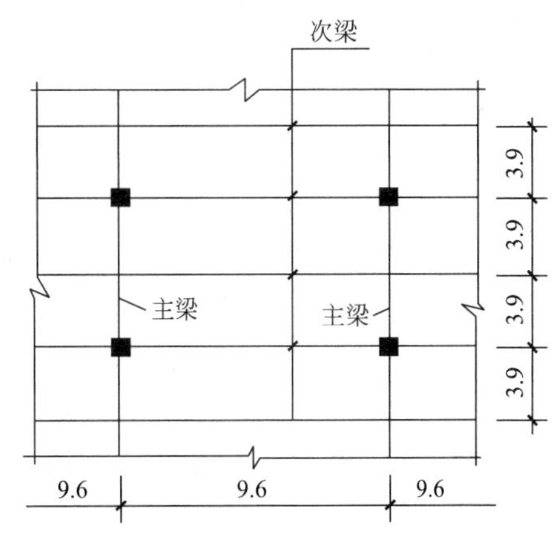

图 2-4-16 某停车库主、次梁布置图

【计算解答 4】图 2-4-17 所示为次梁计算简图，图 2-4-18 所示为主楼计算简图。该停车库属于表 4.2.3 中“单向板，定员不超过 9 人的轿车”，由 4.2.4-4 知，对于单向次梁折减系数取 0.8，对于单向板的主梁取 0.6。

从第 4.2.3 条表 4.2.3 查得停车楼单向板（跨度不小于 2m）的楼面活荷载标准值是 4.0kN/m²。

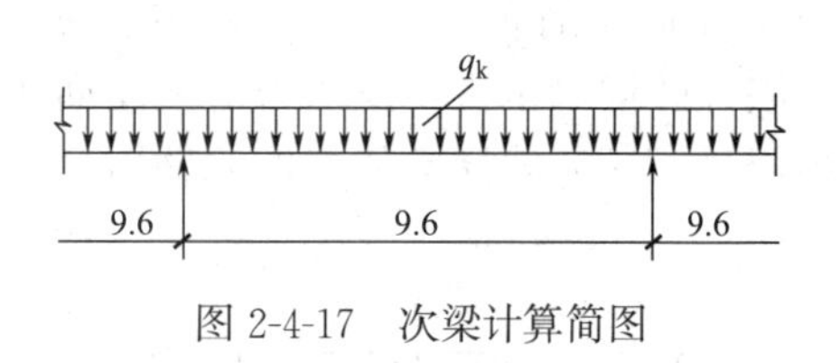

图 2-4-17　次梁计算简图

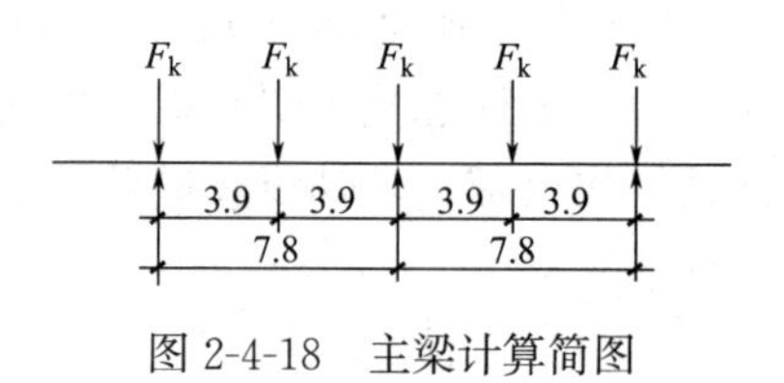

图 2-4-18　主梁计算简图

则次梁线荷载 $q_k=4\times3.9\times0.8=12.48$kN/m。

主梁承受的由次梁传来的楼面活载标准值产生的集中力 $F_k=4\times3.9\times9.6\times0.6=89.86$kN。

（5）对于有主、次梁布置的双向板上的消防车荷载，一般情况下主梁的折减系数与次梁相同。当次梁间距很小时，主梁承担的荷载相当于直接来自双向板，可以根据实际情况按主梁跨度确定双向板的活荷载取值。笔者认为实际就是密肋楼盖。

（6）应特别注意的是，本条的折减系数都是针对采用楼面等效均布活载方法进行设计时需要遵守的规定。

（7）工程实践中，也可以采用荷载最不利布置方法对楼面墙、柱及基础进行设计，以获取更符合实际情况的结果。

（8）应注意的是，本条并未包含对消防车活荷载的折减系数要求。对于消防车荷载的折减由设计人员根据具体情况灵活掌握。

【工程案例】荷载取值及其不同的组合效应

这是 2018 年某施工图审查人员与设计人员对活载取值看法不一致的典型案例，从中可以看出活荷载的取值不一定越大越好。本例也说明无论是静载计算还是活载取值，为了保证结构在不同工况下的安全，在不同的荷载组合中，不仅荷载组合系数不同，而且活荷载或静载计算时材料重度的取值也不尽相同，这就是工程设计的特点。

某二层地下车库，地下二层为人防地下室，等效静载为 45kN/m²，基础底板为无梁楼板，基础底板厚 600mm，基础底板上回填土厚 750mm。地下一层为小车库，地下二层顶板为跨度 8.1m×7.8m 的无梁楼盖，板厚 400mm 且设有柱帽：活载取值设计文件中按 4kN/m² 考虑，而《建筑结构荷载规范》GB 50009-2012 表 5.1.1“项次 8”取值为 2.5kN/m²；地下一层顶面有 3m 厚覆土，上部局部为消防车通道，其余为绿化停车场，活载设计文件中按 10kN/m²，主要是考虑到有可能在地面上有堆载，不仅仅是考虑停车荷载。一般工程参照《建筑结构荷载规范》GB 50009-2012 第 5.5.1 条，首层地下一层顶板考虑施工堆载时取 4kN/m²，也有的工程按 5kN/m²（计算地下室外墙时的荷载取值）考虑，无明确定论。实际工程按 5kN/m² 的比较多。

（1）地下车库抗浮验算

1）压重及建筑物自重计算

抗浮验算时的压重及建筑物自重（不考虑活载，土的重度在变化范围内取小值）：

顶板覆土 3m 厚：$16\times3=48$kN/m²。

地下一层顶板板厚 400mm，考虑柱帽加厚部分，按 450mm 厚计：$25\times0.45=11.25$kN/m²。

地下二层顶板板厚 400mm，考虑柱帽加厚部分，按 450mm 厚计：$25\times0.45=$

11.25kN/m²。

地下二层建筑面层 100mm 厚：18×0.1=1.8kN/m²。

基础底板 600mm 厚：25×0.6=15kN/m²。

基础底板上回填土 750mm 厚：18×0.75=13.5kN/m²。

压重及建筑物自重之和 G_k=48+11.25+11.25+1.8+15+13.5=100.8kN/m²。

2）水头高度

设防水位绝对标高 23m，基底标高相当于绝对标高 16.0m，故水头高度 7.0m。

浮力作用值 $N_{w,k}$=10×7.0=70kN/m²。

3）抗浮验算

根据《建筑地基基础设计规范》GB 50007-2011 第 5.4.3 条，$G_k/N_{w,k}$=100.8/70=1.44>1.05，满足抗浮要求。

（2）基础底板配筋计算时的荷载组合计算

算法一：设计院计算书中的算法为：

1）不计人防荷载的顶板荷载设计值计算

顶板覆土 3m：20×3=60kN/m²；

地下一层顶板厚 400mm，考虑柱帽加厚部分，按不利情况考虑以 500mm 计：25×0.5=12.5kN/m²；

地下二层顶板厚 400mm，考虑柱帽加厚部分，按不利情况考虑以 500mm 厚计：25×0.5=12.5kN/m²；

地下一层地面面层 100mm 厚：25×0.1=2.5kN/m²；

两层吊顶：2.0kN/m²；

恒载之和：89.5kN/m²；

两层活载之和：10+4=14kN/m²。

根据《建筑结构荷载规范》GB 50009-2012 第 5.1.3 条，计算基础时可不考虑消防车荷载。基础组合中，地下一层顶板活载以非消防车道部分活载作为控制组合。

两层活载之和：10+4=14 kN/m²。

基础底板自重：25×0.6=15kN/m²。

底板上回填土：16×0.75=12kN/m²。

根据《建筑结构荷载规范》GB 50009-2012 第 3.2.4 条，基础底板自重及底板上回填土的压重，对底板配筋验算属于有利的情况，分项系数取 0.9<1.0；

荷载设计值：1.35×89.5+1.5×0.7×14−0.9×（15+12）=110.2kN/m²，未考虑《建筑结构荷载规范》GB 50009-2012 第 5.1.2 条中的折减系数。

2）人防设计荷载组合值

恒载：89.5kN/m²

底板人防等效静荷载：45kN/m²

荷载设计值：1.2×89.5+1.0×45−0.9×（15+12）=128.1kN/m²；

根据人防设计规范 4.2.3 条，HRB400 级钢筋的人防计算增强系数 γ_d=1.2；

$$128.1/110.2=1.1657<1.2$$

可以判定底板配筋由常规荷载控制即非人防组合控制，故基础底板配筋计算按常规使用荷载计算。

以上是该设计计算书中的算法。实际上由于楼面活荷载取值偏大，如按材料实际容重及荷载规范活荷载取值的计算结果如下：

算法二：按楼面荷载严格按规范取值计算。

实际上算法一楼面荷载取值偏大，按材料实际容重及荷载规范活荷载取值的计算结果为：

① 不计人防荷载的地板荷载设计值计算：

顶板覆土 3m：18×3=54kN/m^2；

地下一层顶板厚度 500mm：25×0.5=12.5kN/m^2；

地下二层顶板厚度 500mm：25×0.5=12.5kN/m^2；

地下一层地面面层 100mm：20×0.1=2.0kN/m^2；

两层吊顶：2.0kN/m^2；

恒载之和：83.0kN/m^2；

两层活载之和：5+2.5=7.5kN/m^2（覆土顶板按 5kN/m^2 考虑）；

基础底板自重：25×0.6=15kN/m^2；

底板上回填土：16×0.75=12kN/m^2；

荷载设计值：1.35×83.0+1.5×0.7×0.8×7.5－0.9×（15+12）=94.05kN/m^2；

根据《建筑结构荷载规范》GB 50009-2012 第 5.1.2 条活荷载折减系数取 0.8。

② 考虑人防荷载的设计荷载组合值：

恒载：83.0kN/m^2；

底板人防等效静荷载：45kN/m^2；

荷载设计值：1.2×83.0+1.0×45－0.9×（15+12）=120.3kN/m^2；

根据人防设计规范 4.2.3 条，HRB400 级钢筋的人防计算增强系数 γ_d=1.2；

120.3/94.05=1.28>1.2。

据此，可以判定底板配筋由人防设计荷载组合值控制。

根据人防规范 4.11.7 条，当基础内力由人防荷载组合控制时，板中最小配筋率为 0.25%；当其内力系数由平时荷载控制时，对于卧置于地基上的人防底板，板中受拉钢筋最小配筋率可适当降低，但不应小于 0.15%。可见，基础底板配筋由人防荷载工况控制还是由非人防工况控制，两者的最小配筋率不同，且相差较大。另外当其截面内力系由平时荷载控制时，可以不设置拉筋。也就是说人防荷载组合是否起控制作用，对于人防底板的最小配筋率和拉筋的设置要求均是不同的，往往是人防荷载组合控制时更严格些。因此，活载取值认为取大值时，有可能反而降低了人防底板的设计要求，偏于不安全。

通过这个案例可以看出，任意加大荷载，未必对结构安全有利。

4.2.6 当考虑覆土影响对消防车活荷载进行折减时，折减系数应根据可靠资料确定。

延伸阅读与深度理解

笔者认为所谓可靠资料是指《建筑结构荷载规范》GB 50009-2012 的附录 B。附录 B

消防车活荷载考虑覆土厚度影响的折减系数是可靠的，其他一些资料不能作为可靠资料。

B.0.1 当考虑覆土对楼面消防车活荷载的影响时，可对楼面消防车活荷载标准值进行折减，折减系数可按表B.0.1、表B.0.2采用。

表B.0.1 单向板楼盖楼面消防车活荷载折减系数

折算覆土厚度 $\bar{s}$(m)	楼板跨度(m)		
	2	3	4
0	1.00	1.00	1.00
0.5	0.94	0.94	0.94
1.0	0.88	0.88	0.88
1.5	0.82	0.80	0.81
2.0	0.70	0.70	0.71
2.5	0.56	0.60	0.62
3.0	0.46	0.51	0.54

表B.0.2 双向板楼盖楼面消防车活荷载折减系数

折算覆土厚度 $\bar{s}$(m)	楼板跨度(m)			
	3×3	4×4	5×5	6×6
0	1.00	1.00	1.00	1.00
0.5	0.95	0.96	0.99	1.00
1.0	0.88	0.93	0.98	1.00
1.5	0.79	0.83	0.93	1.00
2.0	0.67	0.72	0.81	0.92
2.5	0.57	0.62	0.70	0.81
3.0	0.48	0.54	0.61	0.71

B.0.2 板顶折算覆土厚度 $\bar{s}$ 应按下式计算：

$$\bar{s}=1.43s\tan\theta \quad (B.0.2)$$

式中：s——覆土厚度（m）；

θ——覆土应力扩散角，不大于45°。

特别提醒：应用附录B.0.1及B.0.2需要注意：

式中、表中：s 并不是覆土厚度，而是指建筑面层厚度+（结构板厚−100mm）；$\bar{s}$ 是建筑面层折算覆土厚度。

笔者推导过程如图2-4-19所示。

也就是说附录B.0.1及B.0.2中的 $\bar{s}$ 应为覆土厚 s_t+（建筑面层+结构板厚−100mm）的折算厚度 $\bar{s}$，而不是覆土折算厚度。

4.2.7 工业建筑楼面均布活荷载的标准值及其组合值系数、频遇值系数和准永久值系数的取值，不应小于表4.2.7的规定。

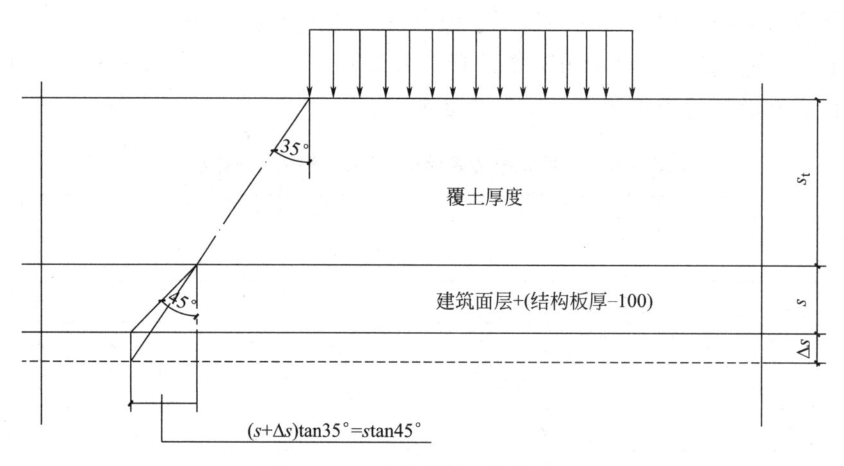

图 2-4-19　消防车轮压扩散示意

表 4.2.7　工业建筑楼面均布活荷载标准值及其组合值、频遇值和准永久值系数

项次	类别	标准值（kN/m²）	组合值系数 ψ_c	频遇值系数 ψ_f	准永久值系数 ψ_q
1	电子产品加工	4.0	0.8	0.6	0.5
2	轻型机械加工	8.0	0.8	0.6	0.5
3	重型机械加工	12.0	0.8	0.6	0.5

延伸阅读与深度理解

（1）本条规定了工业建筑楼面均布活荷载的标准值及其组合值、频遇值和准永久值系数。规定的取值为设计时必须遵守的最低要求。如设计中有特殊需要，荷载标准值及其组合值、频遇值和准永久值系数的取值可以适当提高。

（2）注意工业建筑楼面荷载当其标准值大于 4kN/m^2 时，活载分项系数可以取 1.4。

4.2.8　房屋建筑的屋面，其水平投影面上的屋面均布活荷载的标准值及其组合值系数、频遇值系数和准永久值系数的取值，不应小于表 4.2.8 的规定。

表 4.2.8　屋面均布活荷载标准值及其组合值系数、频遇值系数和准永久值系数

项次	类别	标准值（kN/m²）	组合值系数 ψ_c	频遇值系数 ψ_f	准永久值系数 ψ_q
1	不上人的屋面	0.5	0.7	0.5	0.0
2	上人的屋面	2.0	0.7	0.5	0.4
3	屋顶花园	3.0	0.7	0.6	0.5
4	屋顶运动场地	4.5	0.7	0.6	0.4

（1）本条规定了民用建筑屋面均布活荷载的标准值及其组合值系数、频遇值系数和准永久值系数。规定的取值为设计时必须遵守的最低要求。如设计中有特殊需要，荷载标准值及其组合值、频遇值和准永久值系数的取值可以适当提高。应当注意的是：当上人屋面兼作其他用途时，应按相应楼面活荷采用。

（2）屋顶花园活荷载不包括花圃土石等材料自重。屋顶花园的活荷载主要是考虑进行休闲、聚会等活动时出现的设施及人员等活荷载。对于固定于屋顶的花圃土石，以及自重较大的假山、树木等，应按永久荷载考虑。屋顶花园活荷载同样适用于地下室顶板的花园，但对可以通机动车区域，尚应加上机动车荷载。

（3）不上人屋面的均布活荷载是针对检修或维修而规定的，上人屋面（主要是指那些轻型屋面和大跨屋盖结构）的均布活荷载，可以不与雪荷载同时考虑，但应取活荷载与均布雪荷载中的较大者。不均匀分布雪荷载则应另行考虑。对轻钢结构的屋面，不均匀分布的雪荷载，可能导致轻钢结构局部失稳。

（4）特别注意本次屋顶运动场提高到 4.5kN/m^2（原来是 3.0kN/m^2）。

（5）也应特别注意《建筑结构荷载规范》GB 50009-2012 中第 5.3.1 条表注 1 已经取消，这意味着今后任何情况下活载值不得小于 0.5kN/m^2。

5.3.1 房屋建筑的屋面，其水平投影面上的屋面均布活荷载的标准值及其组合值系数、频遇值系数和准永久值系数的取值，不应小于表 5.3.1 的规定。

表 5.3.1 屋面均布活荷载标准值及其组合值系数、频遇值系数和准永久值系数

项次	类别	标准值（kN/m^2）	组合值系数 ψ_c	频遇值系数 ψ_f	准永久值系数 ψ_q
1	不上人的屋面	0.5	0.7	0.5	0.0
2	上人的屋面	2.0	0.7	0.5	0.4
3	屋顶花园	3.0	0.7	0.6	0.5
4	屋顶运动场地	3.0	0.7	0.6	0.4

注：1 不上人的屋面，当施工或维修荷载较大时，应按实际情况采用；对不同类型的结构应按有关设计规范的规定采用，但不得低于 0.3kN/m^2；

（6）其实这条对门式刚架结构影响较大，《门式刚架轻型房屋钢结构技术规范》中“对于承受荷载水平投影面积大于 60m^2 的刚架构件，屋面竖向均布活荷载的标准值取不小于 0.3kN/m^2”的规定就不能再采用了。通过计算比较可知，屋面活载由 0.3 提高到 0.5 对主体钢梁的用钢量大致增加 20%。

（7）特别注意：屋顶花园主要考虑进行休闲、聚会等活动时出现的设施及人员等荷载。

4.2.9 不上人的屋面，当施工或维修荷载较大时，应按实际情况采用；当上人屋面兼做其他用途时，应按相应楼面活荷载采用；屋顶花园的活荷载不应包括花圃土石等材料自重。

（1）本条对屋面活载进行补充说明；

（2）实际工程中经常会遇到屋面兼做消费疏散场地，此时屋面活荷载就应取 3.5kN/m^2；

（3）特别注意本次取消了“不上人屋面均布活荷载，可不与雪荷载和风荷载同时组合的规定。

4.2.10 对于因屋面排水不畅、堵塞等引起的积水荷载，应采取构造措施加以防止；必要时，应按积水的可能深度确定屋面活荷载。

（1）本条是关于屋面积水荷载的规定。

（2）对于带有女儿墙的屋面，笔者建议可考虑在女儿墙上设置泄水管作为构造措施加以防止。

（3）建议外露台、雨篷阳台也应考虑这个积水荷载。

（4）笔者认为这些荷载可以按偶然荷载工况考虑。

4.2.11 屋面直升机停机坪荷载应按下列规定采用：

1 屋面直升机停机坪荷载应按局部荷载考虑，或根据局部荷载换算为等效均布荷载考虑。局部荷载标准值应按直升机实际最大起飞重量确定，当没有机型技术资料时，局部荷载标准值及作用面积的取值不应小于表 4.2.11 的规定。

表 4.2.11 屋面直升机停机坪局部荷载标准值及作用面积

类型	最大起飞重量(t)	局部荷载标准值(kN)	作用面积
轻型	2	20	0.20m×0.20m
中型	4	40	0.25m×0.25m
重型	6	60	0.30m×0.30m

2 屋面直升机停机坪的等效均布荷载标准值不应低于 5.0kN/m^2。

3 屋面直升机停机坪荷载的组合值系数应取 0.7，频遇值系数应取 0.6，准永久值系数应取 0。

（1）本条规定了屋面直升机停机坪的屋面活荷载取值。本条来自《建筑结构荷载规范》5.3.2（非强条），升级为强条。

（2）直升机荷载需要考虑动力系数。

4.2.12 施工和检修荷载应按下列规定采用：

1 设计屋面板、檩条、钢筋混凝土挑檐、悬挑雨篷和预制小梁时，施工或检修集中荷载标准值不应小于1.0kN，并应在最不利位置处进行验算；

2 对于轻型构件或较宽的构件，应按实际情况验算，或应加垫板、支撑等临时设施；

3 计算挑檐、悬挑雨篷的承载力时，应沿板宽每隔1.0m取一个集中荷载；在验算挑檐、悬挑雨篷的倾覆时，应沿板宽每隔2.5m～3.0m取一个集中荷载。

延伸阅读与深度理解

（1）本条是由《建筑结构荷载规范》5.5.1条（强制条文）修改而来。

（2）设计屋面板、檩条、钢筋混凝土挑檐、雨篷和预制小梁时，除了按第4.2.6条单独考虑屋面均布活荷载外，还应另外验算在施工、检修时可能出现在最不利位置上，由人和工具自重形成的集中荷载。对于宽度较大的挑檐和雨篷，在验算其承载力时，为偏于安全，可沿其宽度每隔1.0m考虑有一个集中荷载，在验算其倾覆时，可根据实际可能的情况，增大集中荷载的间距，一般可取2.5～3.0m。

4.2.13 地下室顶板施工荷载标准值不应小于5.0kN/m²，当有临时堆积荷载以及有重型车辆通过时，施工组织设计中应按实际荷载验算并采取相应措施。

延伸阅读与深度理解

（1）本条对地下室顶板的施工荷载作出规定。地下室顶板等部位在建造施工和使用维修时，往往需要运输、堆放大量建筑材料与施工机具，因施工超载引起建筑物楼板裂缝甚至破坏时有发生，应该引起设计与施工人员的重视。

（2）但可以根据情况扣除尚未施工的建筑面层做法及隔墙的自重，并在设计文件中给出相应的详细说明。

（3）特别注意地下室顶板施工荷载标准值提高到5.0kN/m²，《建筑结构荷载规范》GB 50009-2012仅在条文说明5.5.1中提到，地下室顶板施工荷载不应小于4.0kN/m²，且为强条。

4.2.14 楼梯、看台、阳台和上人屋面等的栏杆活荷载标准值，不应小于下列规定值：

1 住宅、宿舍、办公楼、旅馆、医院、托儿所、幼儿园，栏杆顶部的水平荷载应取1.0kN/m；

2 食堂、剧场、电影院、车站、礼堂、展览馆或体育场、工业用房，栏杆顶部的水平荷载应取1.0kN/m，竖向荷载应取1.2kN/m，水平荷载与竖向荷载应分别考虑。

3 中小学校的上人屋面、外廊、楼梯、平台、阳台等临空部位必须设防护栏杆，栏杆顶部的水平荷载应取 1.5kN/m，竖向荷载应取 1.2kN/m，水平荷载与竖向荷载应分别考虑。

延伸阅读与深度理解

（1）本条由《建筑结构荷载规范》5.5.1 条（强条）调整而来。

（2）在人员可能密集的区域，或者有可能发生拥挤及踩踏事故的楼梯或走廊，栏杆的保护作用非常重要。从已发生踩踏事故的现场调查看，楼梯栏杆发生严重变形甚至倒塌，起不到应有的保护作用。栏杆设计的问题应引起设计人员的重视，除了要有足够的抵抗水平力的强度外，尚应保证栏杆及其扶手有足够的刚度，防止发生紧急事件时变形过大。

（3）由于楼梯、看台、阳台和上人屋面等的栏杆在紧急情况下对人身安全保护有重要作用，因此本规范强制规定了栏杆荷载的最低取值要求。

（4）水平荷载与竖向荷载分别作用，不同时考虑。

（5）本次将中小学的水平荷载由原 1.0kN/m 提高到 1.5kN/m。

【事故案例】现实中栏杆破坏时有发生。如 2010 年 11 月 29 日北京时间 11 点 50 分，新疆维吾尔自治区阿克苏市第五小学课间操期间学生下楼时，由于前面一名学生摔倒，造成踩踏事故（图 2-4-20），致使 41 名学生受伤，其中重伤 7 人，轻伤 34 人。

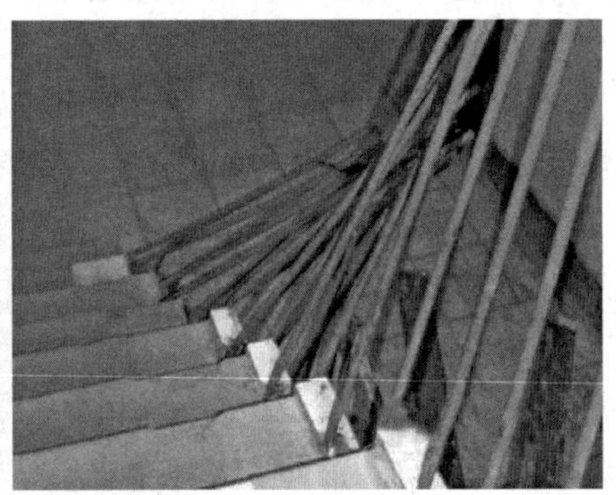

图 2-4-20　教学楼栏杆倒塌

4.2.15　施工荷载、检修荷载及栏杆荷载的组合值系数应取 0.7，频遇值系数应取 0.5，准永久值系数应取 0。

延伸阅读与深度理解

（1）明确了施工荷载、检修荷载及栏杆荷载的组合系数取值。

（2）本条由《建筑结构荷载规范》5.5.3 条（非强条）升级为强条。

4.2.16　将动力荷载简化为静力作用施加于楼面和梁时，应将活荷载乘以动力系数，动力系数不应小于 1.1。

延伸阅读与深度理解

（1）本条规定了动力荷载的处理原则。建筑结构设计的动力计算，在有充分依据时，可将重物或设备的自重乘以动力系数后，按静力计算方法设计。

（2）搬运和装卸重物以及车辆启动和刹车的动力系数，可采用1.1～1.3；其动力荷载只传至楼板和梁。

（3）直升机在屋面上的荷载，也应乘以动力系数，对具有液压轮胎起落架的直升机可取1.4；其动力荷载只传至楼板和梁。

（4）对于覆土厚度小于0.7m的消防车荷载，还需要考虑动荷载的影响，按表2-4-6乘以动力放大系数。

消防车荷载动力放大系数　　表2-4-6

覆土厚度(m)	≤0.25	0.30	0.40	0.50	0.60	≥0.70
动力系数	1.30	1.25	1.20	1.15	1.10	1.00

4.3　人群荷载

4.3.1　公路桥梁人群荷载标准值应按下列规定采用：

1　人群荷载标准值应根据表4.3.1采用，对跨径不等的连续结构，以最大计算跨径为准；

表4.3.1　人群荷载标准值取值

计算跨径 L_0(m)	$L_0 \leqslant 50$	$50 < L_0 < 150$	$L_0 \geqslant 150$
人群荷载(kN/m²)	3.0	$3.25-0.005L_0$	2.5

2　非机动车、行人密集的公路桥梁，人群荷载标准值取上述标准值的1.15倍；

3　专用人行桥梁，人群荷载标准值为3.5kN/m²。

延伸阅读与深度理解

（1）明确公路桥梁活荷载取值与跨径有关，跨径越大活荷载取值越小；但不小于2.5kN/m²。

（2）专用人行桥常见的就是城市过街天桥，人群活荷载标准值为3.5kN/m²。

4.3.2　作用于港口工程结构上的人群荷载标准值，应按表4.3.2采用，设计人行引桥、浮桥时，尚应以集中力1.6kN为标准值对人行通道板的构件进行验算。

表4.3.2　人群荷载标准值

建筑物类别	人群荷载标准值 q(kPa)	说明
客班轮码头及引桥	4～5	—
人行引桥或浮桥	3	人行通道宽度≥1.2m
	2	人行通道宽度<1.2m

本条规定了不同工程领域人群荷载的取值。

4.4 起重机荷载

4.4.1 港口码头使用的起重机运输机械荷载标准值，应根据装卸工艺选用的机型和实际使用的起重量、幅度等确定。

(1) 港口码头适用的起重运输机，其荷载标准值直接与装卸工艺选定的机型有关。但由于港口装卸工艺的具体要求，各种机械在实际应用中，往往不是在最大起重量的情况下工作，因此在确定起重机械荷载时，需要根据装卸工艺所选定的机型及要求的起重量和幅度选取相应的荷载值。

(2) 对于设计过工业建筑的设计师来说这个比较容易理解，这些设备选型及荷载一般应由工艺设计提供给土建专业。

(3) 港口码头工艺设计还是比较复杂的，如图 2-4-21 所示。

图 2-4-21 常见码头场景

4.4.2 厂房起重机荷载应按竖向荷载和水平荷载分别计算。其竖向荷载标准值，应按不利原则分别采用起重机的最大轮压或最小轮压；其水平荷载应分别按照纵向和横向水平荷载进行计算。

延伸阅读与理解

（1）本条为新增加的强制性条文。

（2）各工厂设计的起重机械，其参数和尺寸各不相同，设计时应直接参照制造厂的产品规格作为设计依据。

（3）这些产品规格及型号一般均应由产品工艺专业提供给土建专业。

（4）结构专业通常需要采用最大轮压、最小轮压，应当根据起重机竖向荷载（轮压）是否对结构有利而定，按照最不利条件设计。

（5）起重机在运行过程中也会产生纵向和横向的水平力，分别由起重机的大车和小车的运行机构在启动或制动时引起的惯性力产生。这个惯性力为运行重量与运行加速度的乘积，但必须通过制动轮与钢轨间的摩擦传递给建筑结构。因此，起重机的水平荷载大小取决于制动轮的轮压和它与钢轨间的滑动摩擦系数。

（6）最常见的工程厂房起重机如图 2-4-22 所示。

图 2-4-22 厂房起重机图片

（7）关于厂房起重机对结构产生的最大及最小轮压、水平荷载计算除了参考《建筑结构荷载规范》，也可以参考笔者 2009 年出版发行的《建筑结构设计常遇问题及对策》一书。

4.4.3 安装有多台起重机的厂房，应根据实际情况计算参与组合的起重机数量，并对起重机荷载标准值进行折减。

延伸阅读与理解

（1）本条也是新增加的强制性条文。

（2）根据实际考察，在同一跨度内，2 台吊车以邻接距离运行的情况还是常见的，但

3 台吊车以邻接距离运行却是罕见的，即使发生，由于柱距所限，能产生影响的也只有 2 台。因此，对于单跨厂房设计时最多考虑 2 台吊车。

（3）对多跨厂房，在同一柱距内同时出现超过 2 台吊车的机会还是常见的，但考虑隔跨吊车对结构的影响减弱，为了计算上的方便，容许在计算吊车竖向荷载时，最多只考虑 4 台吊车。而在计算吊车水平荷载时，由于同时制动的机会很小，容许最多只考虑 2 台吊车。

（4）关于多台起重机厂房，起重机参与组合问题参考《建筑结构荷载规范》，也可以参考笔者 2009 年出版发行的《建筑结构设计常遇问题及对策》一书。

4.5 雪荷载和覆冰荷载

4.5.1 屋面水平投影面上的雪荷载标准值应为屋面积雪分布系数和基本雪压的乘积。

延伸阅读与理解

（1）基本规定，雪荷载等于基本雪压与积雪分布系数的乘积。

（2）建筑结构设计考虑积雪分布的原则：

1）屋面板和檩条应按积雪不均匀分布的最不利情况采用；

2）屋架或拱、壳可分别按积雪全跨均匀分布的情况，不均匀分布的情况及半跨的均匀分布情况包络设计；

3）主体结构可按积雪全跨均匀分布的情况考虑。

4.5.2 基本雪压应根据空旷平坦地形条件下的降雪观测资料，采用适当的概率分布模型，按 50 年重现期进行计算。雪荷载敏感的结构，应按照 100 年重现期雪压和基本雪压的比值，提高其雪荷载取值。

延伸阅读与理解

（1）规定了基本雪压的取值原则。基本雪压 s_0 是根据全国 672 个地点的基本气象台（站）的最大雪压或雪深资料，经统计得到的 50 年一遇最大雪压，即重现期为 50 年的最大雪压。

（2）对雪荷载敏感的结构，例如轻型屋盖，考虑到雪荷载有时会远超过结构自重，此时如果仍将雪荷载分项系数取为 1.50，屋盖结构的可靠度可能不够，因此对这种情况，规定提高雪压的取值标准。

【案例】2021 年 11 月初冬时节，辽宁省沈阳市遭遇了一场百年不遇的暴雪，媒体给出的描述是“自 1905 年有气象记录以来冬季最强降雪”。

沈阳地区降雪（雨）量总计达到 37.4mm，鞍山 79.7mm，辽阳 72.3mm。

降雪（雨）量：气象观测人员用标准容器将 12h 或 24h 内采集到的雪化成水后测量得到的数值，以毫米为单位；积雪深度：通过测量气象观测场上未融化的积雪得到的，取的是从积雪面到地面的垂直深度，以厘米为单位；根据降雨量可以简单地推算此次沈阳地区平均雪荷载约为 0.4kN/m^2。

通过这个积雪密度我们可以推算得到这次沈阳积雪深度约为 40cm，与大家实际感受到的积雪深度基本一致。

雪后的景象及破坏情景如图 2-4-23 所示。

图 2-4-23　本次雪灾情况及造成的部分建筑破坏

官方给出的本次雪灾情况：全省设施农业受灾面积 9.16 万亩、受灾设施 58291 栋。受灾地区主要集中在中西部地区。全省畜牧业受灾养殖场（户）4836 个，倒塌畜禽舍面积为 349.3 万 m^2。

问题思考：

本次尽管降雪量不小，但预估也就是 0.40kN/m²，现行《建筑结构荷载规范》GB 50009-2012 给出的沈阳市 50 年一遇的基本雪压是 0.55kN/m²。我们不禁要问，为何我们的建筑会遭遇如此严重的破坏呢？

笔者分析认为可能有以下几个方面的原因：

1）如果严格按照现行规范设计，方案概念均没有致命问题，发生这样的破坏，应该与施工、使用维护等有不可分割的关系。

2）应该与近些年结构设计过分节约材料用量有关（这些都是基于结构设计很无奈的事，大家都在比，看谁的材料用量最省）。

3）设计人员对雪荷载取值“基本是严格按规范取最小值，不考虑各种边界条件的不利影响”进行适当调整（投资方不允许）。

4）过分依赖计算程序计算结果，不敢轻易放大计算结果（投资方需要提供规范依据，但这些问题属于概念范畴，不会有规范依据）。

5）当然也不排除方案的合理性问题，由于现在设计都是“短平快”，设计师根本没有时间思考方案的合理性问题，一般都是甲方如何要求，建筑师就如何给方案，结构就如实进行建模计算。

（3）基本雪压的确定方法和重现期直接关系到当地基本雪压值的大小，因而也直接关系到建筑结构在雪荷载作用下的安全，必须以强制性条文作规定。

（4）确定基本雪压的方法主要包括雪压观测场地、观测数据以及统计方法三个方面。观察场地应符合下列 4 个主要条件：①观察场地周围的地形为空旷平坦；②积雪的分布保持均匀；③设计项目地点应在观察场地的地形范围内，或它们具有相同的地形；④对于积雪局部变异特别大的地区，以及高原地形的山区，应予以专门调查和特殊处理。

（5）基本雪压的统计采用极值统计方法，以当地气象台站记录所得年极值雪压为样本，采用极值Ⅰ型的概率分布。一般建筑采用 50 年重现期的基本雪压，即为传统意义上的 50 年一遇的最大雪压。对雪荷载敏感的大跨屋盖结构及其他由雪荷载控制的重要结构，极端雪荷载作用下容易造成结构整体破坏或失稳，后果特别严重，因此基本雪压要适当提高，采用 100 年重现期的基本雪压。

4.5.3 确定基本雪压时，应以年最大雪压观测值为分析基础；当没有雪压观测数据时，年最大雪压计算值应表示为地区平均等效积雪密度、年最大雪深观测值和重力加速度的乘积。

（1）确定基本雪压时，应以年最大雪压观测值为分析基础；当没有雪压观测数据时，按下式计算年最大雪压值。

$$s=\rho_e gh$$

式中 s——年最大雪压计算值；

ρ_e——地区平均等效积雪密度，即年最大雪压观测值/年最大雪深观测值；

g——重力加速度，取 9.8m/s^2；

h——年最大雪深观测值。

（2）我国大部分气象台（站）收集的都是雪深数据，而相应的积雪密度数据不齐全，因此积雪密度可采用当地区域的平均雪密度：东北及新疆北部地区的平均密度取 180kg/m^3；华北及西北地区取 160kg/m^3，其中青海取 150kg/m^3；淮河、秦岭以南地区一般取 180kg/m^3，其中江西、浙江取 230kg/m^3。

4.5.4　*屋面积雪分布系数应根据屋面形式确定，并应同时考虑均匀分布和非均匀分布等各种可能的积雪分布情况。屋面积雪的滑落不受阻挡时，积雪分布系数在屋面坡度大于等于 60°时应为 0。*

延伸阅读与理解

由于实际屋面形式多种多样、情况千差万别，本条仅规定了积雪分布系数的基本取值原则和考虑的因素，但对具体取值不作规定。

4.5.5　*当考虑周边环境对屋面积雪的有利影响而对积雪分布系数进行调整时，调整系数不应低于 0.90。*

延伸阅读与理解

（1）暴露系数是与屋面形状无关的、反映屋面积雪效应的普适系数。

（2）理论分析还是模型试验都表明，由于风对积雪的吹蚀作用，屋面积雪总的来说会比地面积雪更少。周边越空旷、高风速发生的频率越高，屋面积雪被吹落的就越多。此外，只有风速达到一定值之后，积雪才会发生飘移。

（3）2008 年南方雪灾之后，现行《建筑结构荷载规范》GB 50009-2012 就立刻将我国不少地方雪荷载标准值及屋面积雪分布系数进行了较大幅度提高：

1）调整了以下地区雪荷载标准值：辽宁、吉林、黑龙江、山东（威海）、浙江、安徽、江西、青海、新疆、河南、湖北、湖南、四川、云南、西藏等；

2）调整了屋面积雪分布系数；

3）调整比较大的几个区域对比见表 2-4-7。

积雪分布系数调整比较大的区域　　表 2-4-7

省	市	旧	新
黑龙江	哈尔滨	0.45	0.45
	漠河	0.65	0.75
	黑河	0.60	0.75
	佳木斯	0.65	0.85
	虎林	0.70	1.40

续表

省	市	旧	新
新疆	乌鲁木齐	0.80	0.90
	阿勒泰	1.25	1.65
	伊宁	1.0	1.40
	富蕴	0.95	1.35
	塔城	1.35	1.55
	青河	0.80	1.30

4.5.6 计算塔桅结构、输电塔和钢索等结构的覆冰荷载时，应根据覆冰厚度及覆冰的物理特性确定其荷载值。计算覆冰条件下结构的风荷载，应考虑覆冰造成的挡风面积增加和风阻系数变化的不利影响，并应评估覆冰造成的动力效应。当下方可能有行人经过时，尚应对覆冰坠落风险进行评价并采取相应措施。

延伸阅读理解

（1）覆冰对结构物影响主要体现在以下四个方面：静力荷载、覆冰对结构风荷载的影响、动力效应和坠冰造成的破坏。

1）构件表面覆冰后，覆冰重量将造成结构物承受的竖向荷载增加。这种静力荷载作用对于预应力钢索、细长网架结构的内力等都会造成显著影响。

2）覆冰对结构风荷载的影响主要体现在两个方面，首先是覆冰改变了结构的受风面积，其次改变了覆冰结构的风阻系数。

3）覆冰的动力效应有各种不同的表现形式。当覆冰的质量相对较大时，将使结构自振频率明显减低，改变其动力特性。其次，由于覆冰改变了构件横截面形状，因此可能产生驰振等气动不稳定现象，以及旋涡脱落导致的横风向共振。对于动力敏感的结构物，还需要考虑覆冰从结构表面脱落造成的振动。

4）当覆冰从较高处坠落时，可能损坏低处的结构构件，甚至对行人造成威胁。越高的坠落覆冰意味着越强的撞击作用，因此坠冰高度是评价此类风险的重要因素。

（2）塔桅结构覆冰。2008 年南方普降暴雪，覆冰景象如图 2-4-24 所示。

图 2-4-24　2008 年南方普降暴雪覆冰景象（一）

图 2-4-24 2008 年南方普降暴雪覆冰景象（二）

4.5.7 雪荷载的组合系数应取 0.7，频遇值系数应取 0.6，准永久值系数应根据气候条件的不同，分别取 0.5、0.2 和 0。

延伸阅读与理解

本条规定了雪荷载的组合值、频遇值和准永久值系数。

【工程案例 1】某大型公共建筑雨篷雪后垮塌

从图 2-4-25 可以看出，这个雨篷位于低处，且周边有斜坡屋面，所处位置的确容易造成积雪堆积和漂移，造成局部雪荷载增加较多，不知设计是否考虑了以上因素。

图 2-4-25 雨篷垮塌前后图

笔者分析这个事故的原因不能排除与“雪载堆积过大”＋“滑移雪载”有关。

【工程案例 2】2020 年 12 月 12 日哈尔滨综合市场大棚坍塌了！奇怪的是，11 月 19 日哈尔滨降落大雪，当时建筑并未坍塌。时隔近一个月后，大棚坍塌了。如图 2-4-26 所示。

笔者分析，因积雪经过一段时间的融化，雪密度变大并向较低处聚集，再加上低温钢材脆性加大等，使得钢结构失稳引起连续坍塌。

图 2-4-26 雪后大跨钢屋面倒塌

提醒设计师对于轻型钢结构大跨屋盖、雨篷等需要特别注意：

（1）根据荷载规范规定，这种轻质雨篷对雪荷载敏感，应采用100年重现期的雪压。

（2）高低屋面应考虑低跨屋面雪堆积分布，当高屋面坡度θ大于10°，且未采取防止雪下滑的措施时，应考虑高屋面的雪漂移。一般建议积雪厚度增加40％。

（3）《门式刚架轻型房屋钢结构技术规范》GB 51022-2015就给出以下规定：

4.3.3 当高低屋面及相邻房屋屋面高低满足（h_r-h_b）/h_b大于0.2时，应按下列规定考虑雪堆积和漂移：

1 高低屋面应考虑低跨屋面雪堆积分布（图4.3.3-1）；

2 当相邻房屋的间距s小于6m时，应考虑低屋面雪堆积分布（图4.3.3-2）；

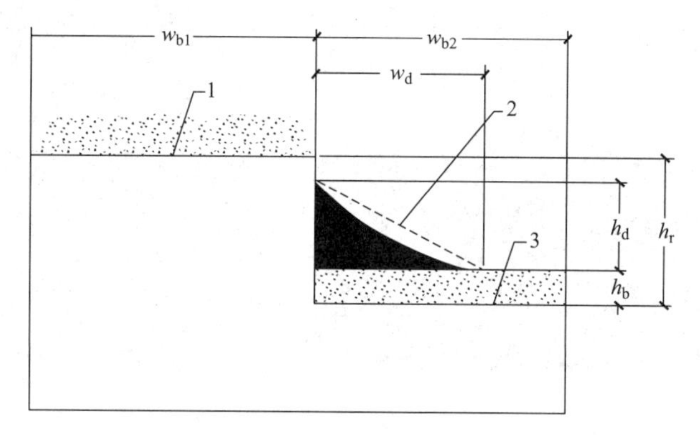

图4.3.3-1 高低屋面低屋面雪堆积分布示意

1—高屋面；2—积雪区；3—低屋面

3 当高屋面坡度θ大于10°且未采取防止雪下滑的措施时，应考虑高屋面的雪漂移，积雪高度应增加40％，但最大取h_r-h_b；当相邻房屋的间距大于h_r或6m时，不考虑高屋面的雪漂移（图4.3.3-3）；

4 当屋面突出物的水平长度大于4.5m时，应考虑屋面雪堆积分布（图4.3.3-4）；

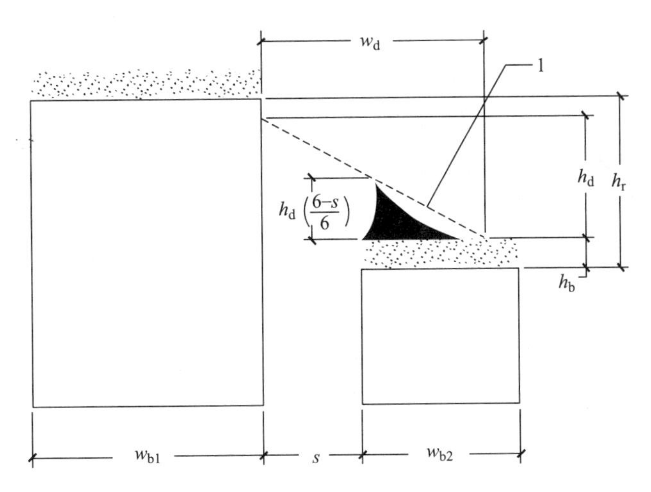

图 4.3.3-2 相邻房屋低屋面雪堆积分布示意

1—积雪区

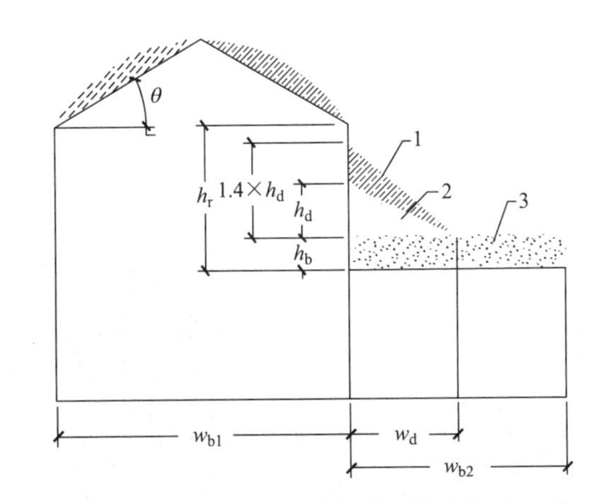

图 4.3.3-3 高屋面雪漂移低屋面雪堆积分布示意

1—漂移积雪；2—积雪区；3—屋面雪载

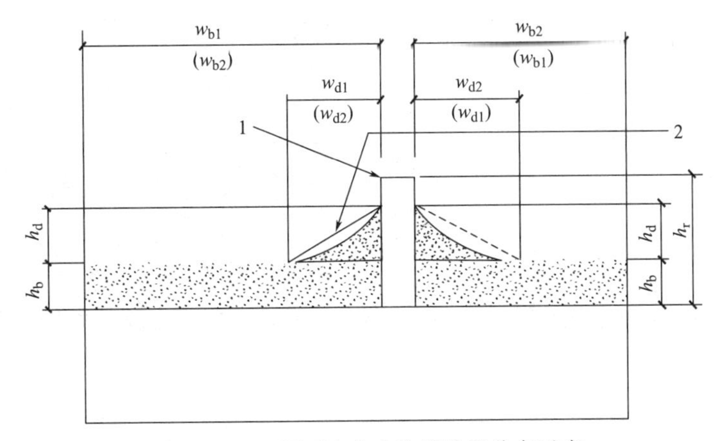

图 4.3.3-4 屋面有突出物雪堆积分布示意

1—屋面突出物；2—积雪区

5 积雪堆积高度 h_d 应按下列公式计算，取两式计算高度的较大值：

$$h_d=0.416\sqrt[3]{w_{b1}}\sqrt[4]{S_0+0.479}-0.457\leqslant h_r-h_b \quad (4.3.3\text{-}1)$$

$$h_d=0.208\sqrt[3]{w_{b2}}\sqrt[4]{S_0+0.479}-0.457\leqslant h_r-h_b \quad (4.3.3\text{-}2)$$

式中：h_d——积雪堆积高度（m）；

h_r——高低屋面的高差（m）；

h_b——按屋面基本雪压确定的雪荷载高度（m），$h_b=\frac{100S_0}{\rho}$，ρ 为积雪平均密度（kg/m^3）；

w_{b1}、w_{b2}——屋面长（宽）度（m），最小取 7.5m。

6 积雪堆积长度 w_d 应按下列规定确定：

$$\text{当 } h_d\leqslant h_r-h_b \text{ 时，} w_d=4h_d \quad (4.3.3\text{-}3)$$

$$\text{当 } h_d>h_r-h_b \text{ 时，} w_d=4h_d^2/(h_r-h_b)\leqslant 8(h_r-h_b) \quad (4.3.3\text{-}4)$$

7 堆积雪荷载的最高点荷载值 S_{max} 应按下式计算：

$$S_{max}=h_d\times\rho \quad (4.3.3\text{-}5)$$

【工程案例 3】波兰卡托维兹贸易大厅屋顶被积雪压塌

事故描述：2006 年 1 月 28 日，卡托维兹贸易大厅的屋顶在波兰的 Katowice 倒塌。图 2-4-27 所示为倒塌景象，当时屋内有 700 人，造成 65 人死亡，170 多人受伤，其中包括 13 名外国人。

图 2-4-27 雪灾倒塌图片

事故原因：波兰政府的检察官调查结果显示：建筑物中的大雪和冰没有被及时清除，屋顶已经损坏，但管理方只进行了紧急维修，并没有按照波兰法律的要求向建筑检查员报告损坏情况。同时设计和施工上有很多的缺陷，这些缺陷导致了建筑的迅速崩溃。

事故处理：三名设计大厅的建筑师被捕，其中两人被指控“故意造成建筑灾难”，导致65人死亡。检察官声称Jacek J. 和 Szczepan K. 犯了几个错误，并对该项目提出了一些未经商定的修正案。两人都意识到这样一个事实，即2000年1月屋顶在雪的重压下弯曲，但他们没有采取任何措施来纠正这种情况。第三位建筑师 Andrzej W. 负责批准该项目，尽管其存在错误和缺陷。

由于这次的灾难，2007年3月波兰修订了建筑法，大型建筑物现在每年必须进行两次技术审查（冬季前后），以确保它们安全且结构合理，未能进行审查的，将被判处至少1000兹罗提的罚款或面临监禁。

4.6 风荷载

4.6.1 垂直于建筑物表面上的风荷载标准值，应在基本风压、风压高度变化系数、风荷载体型系数、地形修正系数和风向影响系数的乘积基础上，考虑风荷载脉动的增大效应加以确定。

延伸阅读与理解

（1）影响结构风荷载的因素较多，计算方法也多种多样，但是它们都直接关系到风荷载的取值和结构安全，要以强制性条文分别规定主体结构和围护结构风荷载标准值的确定方法，以达到保证结构安全的最低要求。

（2）对于主要受力结构，风荷载标准值的表达可有两种形式，一种为平均风压加上由脉动风引起结构风振的等效风压；另一种为平均风压乘以风振系数。由于在高层建筑和高耸结构等悬臂型结构的风振计算中，往往是第1振型起主要作用，因而我国与大多数国家相同，采用后一种表达形式，即采用平均风压乘以风振系数β_z，它综合考虑了结构在风荷载作用下的动力响应，其中包括风速随时间、空间的变异性和结构的阻尼特性等因素。对非悬臂型的结构，如大跨空间结构，计算公式中风荷载标准值也可理解为结构的静力等效风荷载。

4.6.2 基本风压应根据基本风速值进行计算，且其取值不得低于0.30kN/m^2。基本风速应通过将标准地面粗糙度条件下观测得到的历年最大风速记录，统一换算为离地10m高10min平均年最大风速之后，采用适当的概率分布模型，按50年重现期计算得到。

延伸阅读与理解

（1）此条是由《建筑结构荷载规范》GB 50009-2012第8.1.2条（强条）修改而来，特别注意取消了“对于高层建筑、高耸结构以及对风荷载比较敏感的其他结构，基本风压的取值应适当提高，并应符合有关结构设计规范的规定”这段话。这主要是考虑这里用词“适当提高”这样的话不应用在通用规范之中。那么是否意味着今后大家就可以不执行相关标准提出的 1.1 倍呢？笔者认为自然不是，还是要依据相关标准提高 1.1 倍。现行《高层建筑混凝土结构技术规程》JGJ 3-2010 第 4.2.2 条（强条）及《高层民用建筑钢结构技术规程》JGJ 99-2015 第 5.2.4 条（强条）均要求对于风荷载比较敏感的结构应按基本风压乘以 1.1 采用。

注：在《混凝土结构通用规范》GB 55008-2021 中明确《高层建筑混凝土结构技术规程》4.2.2 废止强条及《钢结构通用规范》GB 55006-2021 中明确《高层民用建筑钢结构技术规程》5.2.4 废止强条。

（2）基本风压是根据全国各气象台站历年来的最大风速记录，按基本风压的标准要求，将不同风速仪高度和时次时距的年最大风速，统一换算为离地 10m 高、自记 10min 平均年最大风速（m/s），作为当地的基本风速，再按照贝努利公式计算得到的风压值。

（3）提醒各位注意，世界上各国在计算风压时，采取的时距不完全一样。比如美国、英国、ISO 标准、菲律宾、马来西亚、印度、越南、巴西、澳大利亚、孟加拉等国时距为 3s，加拿大取 60min，中国、欧洲、日本、巴基斯坦、迪拜等取时距为 10min。

（4）建筑物基本风压不得小于 0.3kN/m^2。《烟囱设计规范》5.2.1 条规定，基本风压不得小于 0.35kN/m^2，《高耸结构设计标准》GB 50135-2019 第 4.2.1 条规定基本风压不得小于 0.35kN/m^2。

（5）我国的索道工程就规定：索道在遇八级以上风时，就必须停止运营。也就是说在计算索道正常使用时，无论所在地的风速、风压多大，都只按基本风压 0.30kN/m^2 计算，相当于不小于八级风。

（6）笔者结合工程设计撰写了《三管钢烟囱设计》一文，刊登于《钢结构》2002 年第 6 期。

（7）关于世界各国风压互相转换的相关问题，可以参考笔者所著《建筑结构设计常遇问题及对策》一书。

（8）下面就确定基本风压的几个关键因素作简要说明：

1）风压与风速的换算

基本风压 w_0 是根据当地气象台站历年来的最大风速记录，按基本风速的标准要求，将不同风速仪高度和时次时距的年最大风速，统一换算为离地 10m 高、自记 10min 平均年最大风速数据，经统计分析确定重现期为 50 年的最大风速，作为当地的基本风速 v_0，再按贝努利公式计算得到：

$$w_0=\frac{1}{2}\rho v_0^2$$

2）气象站的环境标准

由于近地面的风速大小受离地高度和地貌的影响，因此规范规定在统计基本风速时，应当取离地面 10m 高度的风速数据。这个高度和我国气象台站风速仪的安装高度一致，也和国际标准一致。当风速仪的观测高度不是标准高度时，应当根据下式将风速观测数据换算到 10m 标准高度：

$$v=v_z\left(\frac{10}{z}\right)^{\alpha}$$

其中 z 为风速仪的实际高度，v_z 为风速仪观测到的风速值，而 α 则为空旷平坦地区的地面粗糙度指数（$\alpha=0.15$）。

地表状况对风速也有较大影响，地面建筑物越多、植被越厚越密集，风的能量消耗就越大，因此高空处的风接近地面时减速就更多；反之风的能量消耗就较少，接近地面时风速减小的幅度就较小。因而，即使在 10m 高度，不同的环境条件下测得的风速也是各不相同的。荷载规范规定的观测数据应来自“平坦空旷地貌”，这和我国对建设气象台站的场地要求相同。在统计基本风速时经常遇到的问题就是气象台站的地貌变化。近年来，随着城市建设的迅速发展，国内的不少气象台站已经不能满足原来的标准地貌条件，造成观测数据发生非气象因素的系统偏移，观测到的最大风速逐年下降。已有研究表明，地貌变迁造成的这种年最大风速失真，会对基本风速的统计造成极大影响。当无法准确判断气象台站不同时期的地貌特点时，一般采用较早年份的风速数据进行统计，以保证不会低估基本风速值。

3）风速平均时距

风速是随时间波动的随机变量。采用不同的时间长度对风速进行平均，得出的平均风速最大值各不相同。平均时距短，就会将风速记录中最大值附近的较大数据都包括在内，平均风速的最大值就高；而平均时距长，则会将风速记录中较长时间范围的风速值包含在内，从而使离最大值较远的低风速也参与平均，平均风速的最大值就会有所降低。

平均时距在各个国家的风荷载标准中取值并不一致，这一方面是历史传统的原因，另一方面也和各国的风气候类型有关。如美国、澳大利亚等规定的基本风速按 3s 阵风的最大值取值；欧洲、日本和中国按 10min 平均风的最大值计算基本风速；加拿大则取 60min 作为平均风速时距。不同时距得出的风速统计值各不相同，在进行比较时需要将其转换为相同的平均时距。风速大小、风气候类型等因素对转换系数都有影响，但工程应用上大致可按图 2-4-28 所示由 ASCE7-05 给出的建议值进行调整换算。

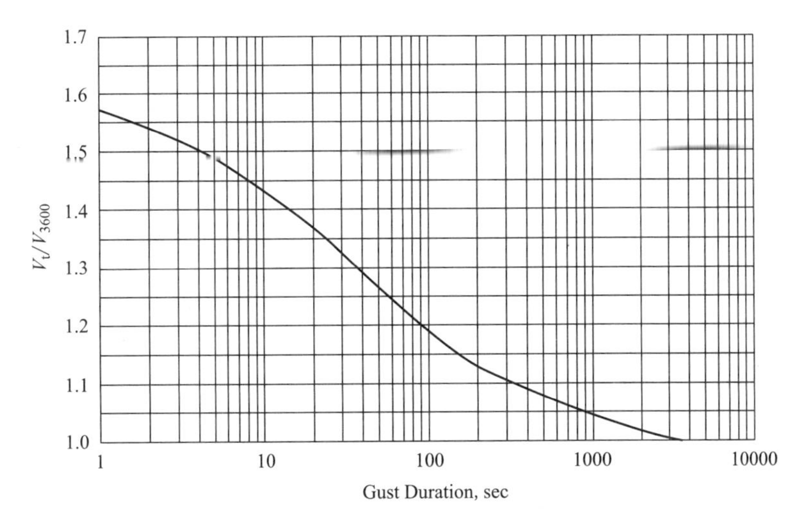

图 2-4-28　t 秒时距平均最大风速与 1h 时距平均最大风速的比值

4）统计方法

基本风速的统计采用极值统计法，以当地气象台站记录所得标准年极值风速为样本，采用极值Ⅰ型的概率分布。一般建筑采用50年重现期的基本风压，即为传统意义上的50年一遇的最大风压。对风荷载敏感的高层建筑、高耸结构以及轻质大跨屋盖结构，这类结构风荷载很重要，计算风荷载的各种因素和方法还不十分确定，因此基本风压应适当提高。如何提高基本风压值，仍可由各结构设计规范，根据结构的自身特点作出规定，如《高层建筑混凝土结构技术规程》JGJ 3-2010规定此类建筑基本风压在荷载规范规定的基本风压之上乘以1.1倍采用，对其他没有规定的结构可以考虑适当提高其重现期来确定基本风压，如采用100年重现期的风压。对于此类结构物中的围护结构，其重要性与主体结构相比要低些，可仍取50年重现期的基本风压。该规程附录E给出了不同重现期风压的换算公式。

20世纪60年代前，国内的风速记录大多数根据风压板的观测结果，刻度所反映的风速，实际上是统一根据标准的空气密度 $\rho=1.25\mathrm{kg/m^3}$ 按上述公式反算而得，因此在按该风速确定风压时，可统一按公式 $w_0=v_0^2/1600$（kN/m²）计算。

【工程案例】笔者遇到的国外某工程，在业主提供的地理和气候数据中写道：风速是按美国标准测得，基本风速为144km/h，3s振风的最大值，重现期为50年，离地面高度为10m的户外开阔地形，地面粗糙度为C类。由于该工程仍然采用我国有关规范及计算软件进行设计计算，所以就必须进行风压转换。

设时距为10min的风速为 $v_{中}$，时距为3s的风速为 $v_{美}$，欲将 $v_{美}$ 换算成 $v_{中}$。

首先由图2-4-28查3s时距，查得 $v_{美}/v_{3600}=1.525$，则 $v_{3600}=v_{美}/1.525$，即将时距3s的风速 $v_{美}$ 换算成1h时距的风速 v_{3600}。其次，由10min时距查得 $v_{中}/v_{3600}=1.07$，同理可得 $v_{中}=1.07v_{3600}=1.07v_{美}/1.525=0.7v_{美}$。

再由基本风压公式 $w_0=1/2\rho v_0^2$ 得出：

$$w_{0中}/w_{0美}=v_{0中}^2/v_{0美}^2=0.49$$

即：$v_{美}=144\mathrm{km/h}=40\mathrm{m/s}$，$w_{0美}=v_{0美}^2/1600=1.0\mathrm{kN/m^2}$

$v_{中}=0.7v_{美}=0.7\times40=28\mathrm{m/s}$ 得 $w_{0中}=v_{中}^2/1600=0.49\mathrm{kN/m^2}$

4.6.3 风压高度变化系数应根据建设地点的地面粗糙度确定，地面粗糙度应以结构上风向一定距离范围内的地面植被特征和房屋高度、密集程度等因素确定，需考虑的最远距离不应小于建筑高度的20倍且不应小于2000m。标准地面粗糙度条件应为建筑周边无遮挡的空旷平坦地形，其10m高处的风压高度变化系数应取1.0。

延伸阅读与深度理解

（1）地面粗糙度类别是确定风压高度变化系数的前提条件。

（2）本条规定了判断地面粗糙度的基本原则。

（3）由于大气边界层的发展是渐进过程，因此需要考虑的上风向范围和建筑高度有关。

（4）标准地面粗糙度是基本风速取值的标准场地，因此规范明确给出了该地面粗糙度条件下的风压高度变化系数计算公式。

4.6.4 体型系数应根据建筑外形、周边干扰情况等因素确定。

延伸阅读与深度理解

（1）风速压仅代表自由气流所具有的动能，不能直接作为风荷载的取值。为获得作用在建筑物表面的平均风压值，需根据气流在受到阻碍后的运动情况，用风速压乘体型系数。当自由来流吹到建筑物迎风面受到阻滞时，风速 v_i 变为 0，此时体型系数等于 1.0。对于流动速度大于来流速度的区域，体型系数将为负值。在迎风墙面，由于气流受到阻碍，流速降低，体型系数为正；而在屋檐处，流动发生向上分离，且流线变密、速度增加，体型系数为负值。《建筑结构荷载规范》GB 50009-2012 中表 8.3.1 给出的“风荷载体型系数”都是指整体体型系数，适用于主要受力结构设计时风荷载取值。

（2）由于建筑外形多种多样，所处环境千差万别，因此本规范仅对体型系数的取值原则作出规定。

（3）当建筑群尤其是高层或超高层建筑群相邻近时，体型系数要考虑相互干扰效应。

（4）风荷载局部体型系数是一定面积范围内点体型系数的加权平均值。当进行玻璃幕墙、檩条等围护构件设计时，所承受的是较小范围内的风荷载，若直接采用体型系数，则可能得出偏小的风荷载值。因此，规范规定在进行围护结构设计时，应采用“局部体型系数”。所谓的“局部体型系数”相当于取点的体型系数，差异在于局部体型系数反映的仍是较小面积范围（如 $1m^2$）的平均风压大小，而非数学意义上无面积的“点”。

（5）流动状态对局部体型系数的影响很大。通常在产生旋涡脱落或者流动分离的位置，都会出现极高的负压系数。原荷载规范对局部体型系数给出了较为笼统的规定，分别规定了墙面、墙角边、屋面局部和檐口等突出构件的局部体型系数。各国规范对局部体型系数的处理方式也各不相同。如欧洲规范对表面的同一区域按面积不同分别给出两个压力系数，一个用于较大面积的荷载取值，相当于我国规范的体型系数，而另一个用于较小面积的荷载取值，相当于我国的局部体型系数；日本规范则直接给出极值压力系数（相当于我国规范的体型系数和阵风系数的乘积），用于围护结构设计。

（6）建筑结构不但外表面承受风压，其内表面也会有压力作用。因此在围护结构设计时尚应考虑内部压力系数，要考虑内外压力的叠加作用。建筑的外部压力主要受体型的影响，而内部压力的影响因素则更为复杂，包括背景透风率、内部结构等。实际上建筑的四面都有程度不同的开口，对于只考虑背景透风率的封闭式房屋，内压系数通常为－0.2～＋0.2。对于有主导洞口的建筑物，内部压力系数与开口处的体型系数值直接相关。考虑到设计工作的实际需要，参考国外规范规定和相关文献的研究成果，本次修订对仅有一面墙有主导洞口的建筑物内压作出了简化规定。对于更复杂的情况一般需要通过风洞试验确定内部风压值。

4.6.5 当采用风荷载放大系数的方法考虑风荷载脉动的增大效应时，风荷载放大系数应按下列规定采用：

1　主要受力结构的风荷载放大系数应根据地形特征、脉动风特征、结构周期、阻尼比等因素确定，其值不应小于1.2；

2　围护结构的风荷载放大系数应根据地形特征、脉动风特征和流场特征等因素确定，且不应小于$1+\frac{0.7}{\sqrt{\mu_z}}$，其中$\mu_z$为风压高度变化系数。

延伸阅读与深度理解

（1）不管是对于主要受力构件还是围护结构，风荷载是随时间变化的，不能直接使用风荷载的平均值进行设计。

（2）对于主要受力结构，除了考虑风压本身的脉动之外，还需要考虑风引起结构振动所带来的附加荷载。

（3）而围护结构刚度一般比较大，结构效应中通常不需要考虑共振分量。

（4）《建筑结构荷载规范》GB 50009-2012对于“主要受力结构”和“围护结构”的计算，分别采用了风振系数和阵风系数作为平均风荷载的放大倍数。本规范将二者统一为“风荷载放大系数”，并规定二者的取值原则。

（5）对于主要受力结构来说，我国荷载规范风振系数采用了与国外不同的理论体系和计算方法，规定了基于“等效风振力”的高层和高耸结构的风振系数取值，但并不适用于大跨屋盖结构。

（6）本条文对主要受力结构风荷载放大系数的计算方法不作强制要求，只规定需要考虑的因素，并规定了其取值的下限值。1.2的放大系数只是主要受力结构的最低取值标准，在很多情况下并不能完全保证结构安全，不能作为一般性的取值依据。

特别注意：《建筑结构荷载规范》GB 50009-2012只要求对于高度大于30m且高宽比大于1.5的房屋，以及基本自振周期T_1大于0.25s的各种高耸结构，应考虑风脉动对结构产生顺风向风振的影响。但本规范没有前提条件限制，且最小值是1.2。

（7）对于围护结构而言，由于不需要考虑结构振动的影响，因此只需要考虑风压本身脉动的特性。这又和地形地貌、脉动风特性和流场特性因素有关。本条规定的围护结构风荷载放大系数的下限值，假定了湍流度剖面取为负指数，且指数绝对值与平均风剖面指数相同。考虑湍流度的离散型，以及屋盖边缘、幕墙边缘等区域分离流动的影响，实际的风荷载放大系数可能会大于该值，因此本条将其规定为围护结构风荷载放大系数的最低取值标准。

特别注意：《建筑结构荷载规范》GB 50009-2012第8.6节中有关振风系数的表述如下。

8.6　阵风系数

8.6.1　计算围护结构（包括门窗）风荷载时的阵风系数应按表8.6.1确定。

表8.6.1　阵风系数β_{gz}

离地面高度(m)	地面粗糙度类别			
	A	B	C	D
5	1.65	1.70	2.05	2.40

续表

离地面高度(m)	地面粗糙度类别			
	A	B	C	D
10	1.60	1.70	2.05	2.40
15	1.57	1.66	2.05	2.40
20	1.55	1.63	1.99	2.40
30	1.53	1.59	1.90	2.40
40	1.51	1.57	1.85	2.29
50	1.49	1.55	1.81	2.20
60	1.48	1.54	1.78	2.14
70	1.48	1.52	1.75	2.09
80	1.47	1.51	1.73	2.04
90	1.46	1.50	1.71	2.01
100	1.46	1.50	1.69	1.98
150	1.43	1.47	1.63	1.87
200	1.42	1.45	1.59	1.79
250	1.41	1.43	1.57	1.74
300	1.40	1.42	1.54	1.70
350	1.40	1.41	1.53	1.67
400	1.40	1.41	1.51	1.64
450	1.40	1.41	1.50	1.62
500	1.40	1.41	1.50	1.60
550	1.40	1.41	1.50	1.59

特别注意：这里给出的 $1+\frac{0.7}{\sqrt{\mu_z}}$ 只是一个保底值，并不代表任何地面粗糙度都可以取这个值，如某工程地面粗糙度为A类，高度10m，则由表8.6.1可查 $\beta_{gz}=1.60$，但如果按《工程结构通用规范》则还应满足不小于 $1+\frac{0.7}{\sqrt{\mu_z}}=1.62$（$\mu_z=1.28$）；如果某工程地面粗糙度为D类，高度10m，则由表8.6.1可查 $\beta_{gz}=2.40$，但如果按《工程结构通用规范》则还应满足不小于 $1+\frac{0.7}{\sqrt{\mu_z}}=1.98$（$\mu_z=0.51$）。

4.6.6　地形修正系数应按下列规定采用：

1　对于山峰和山坡等地形，应根据山坡全高、坡度和建筑物计算位置离建筑物地面的高度确定地形修正系数，其值不应小于1.0；

2　对于山间盆地、谷地等闭塞地形，地形修正系数不应小于0.75；

3 对于与风向一致的谷口、山口，地形修正系数不应小于 1.20；

4 其他情况，应取 1.0。

延伸阅读与深度理解

（1）本条规定了地形修正系数的取值要求。

（2）《建筑结构荷载规范》GB 50009-2012 第 8.2.2-3 条对于与风向一致的谷口、山口，地形修正系数可取 1.2～1.5。

【工程案例】某山地建筑，场地地貌单元属山前洪积扇上部，现状场地较为平坦，拟建场地大部分位于山间沟谷，如图 2-4-29 所示。

图 2-4-29 工程鸟瞰及工程地貌图

由地貌及地形风向看（图 2-4-30），本工程处于风向一致的谷口、山口地段，考虑此地风荷载较大，设计考虑地形修正系数取 1.5。

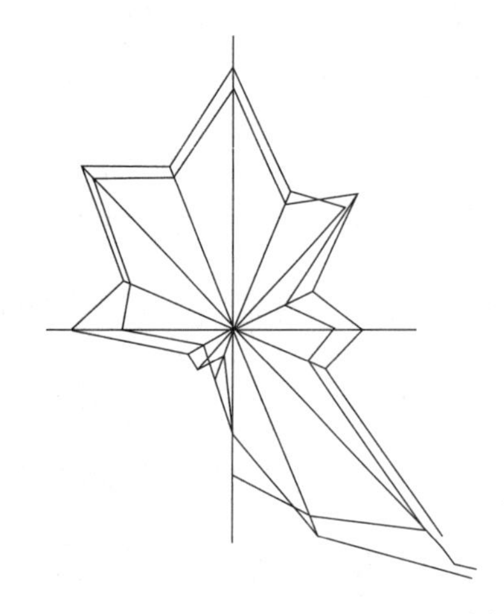
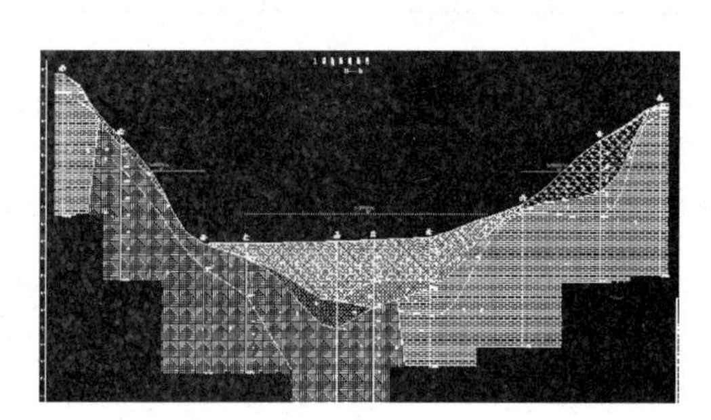

图 2-4-30 本场地风玫瑰图典型地形剖面图

4.6.7 风向影响系数应按下列规定采用：

1 当有 15 年以上符合观测要求且可靠的风气象资料时，应按照极值理论的统计方法计算不同风向的风向影响系数。所有风向影响系数的最大值不应小于 1.0，最小值不应小于 0.8；

2 其他情况，应取 1.0。

延伸阅读与深度理解

我国幅员辽阔，不同地区风气候特征差异明显，一些地区最大风的主导风向非常明确。建筑结构在不同风向的大风作用下风荷载差别很大，考虑风向影响系数是科学合理的处理方法。本条规定了风向影响系数的计算原则和最低限值要求。

4.6.8 体型复杂、周边干扰效应明显或风敏感的重要结构应进行风洞试验。

延伸阅读与深度理解

建筑结构的风荷载非常复杂，本条列举了应当进行风洞试验的三种情况。

（1）体型复杂。这类建筑物或构筑物的表面风压很难根据规范的相关规定进行计算，一般应通过风洞试验确定其风荷载。

（2）周边干扰效应明显。周边建筑对结构风荷载的影响较大，主要体现为在干扰建筑作用下，结构表面的风压分布和风压脉动特性存在较大变化，这给主体结构和围护结构的抗风设计带来不确定因素。

（3）对风荷载敏感。通常是指自振周期较长，风振响应显著或者风荷载是控制荷载的这类建筑结构，如超高层建筑、高耸结构、柔性屋盖等。当这类结构的动力特性参数或结构复杂程度超过了荷载规范的适用范围时，就应当通过风洞试验确定其风荷载。

（4）应特别注意的是，本条仅针对风荷载试验列举了常见的需要进行风洞试验的三种情况，并不意味着其他情况就完全不需要进行风洞试验。在条件允许的情况下，通过风洞试验确定建筑结构的风荷载是最准确的取值方法。

（5）哪些工程需要做风洞试验？

笔者建议遇有以下情况时需要作风洞试验：

1）当建筑群，尤其是高层建筑群，房屋相互间距较近时，由于漩涡的相互干扰，房屋的某些部位的局部风压会显著增大。因此对于比较重要的高层建筑，建议在风洞试验中考虑周围建筑物的干扰影响。

2）对于非圆形截面的柱体，同样也存在漩涡脱落等空气动力不稳定的问题，但其规律更为复杂，因此目前规范仍建议对重要的柔性结构，应在风洞试验的基础上进行设计。

3）《高层建筑混凝土结构技术规程》JGJ 3-2010 第 4.2.7 条：

房屋高度大于 200m 或有下列情况之一时，宜进行风洞试验判断确定建筑物的风荷载。

1 平面形状或立面形状复杂；

2 立面开洞或连体建筑；

3 周围地形和环境较复杂。

4）笔者建议对于被大家认为是“奇奇怪怪”的建筑也应进行风洞试验。

（6）风洞试验的主要内容有哪些？

风洞试验见图 2-4-31，建研院大型建筑风洞为直流下吹式边界层风洞。风洞为全钢结构，总长 96.5m。风的传递过程模拟见图 2-4-32。

图 2-4-31 建研院风洞试验图

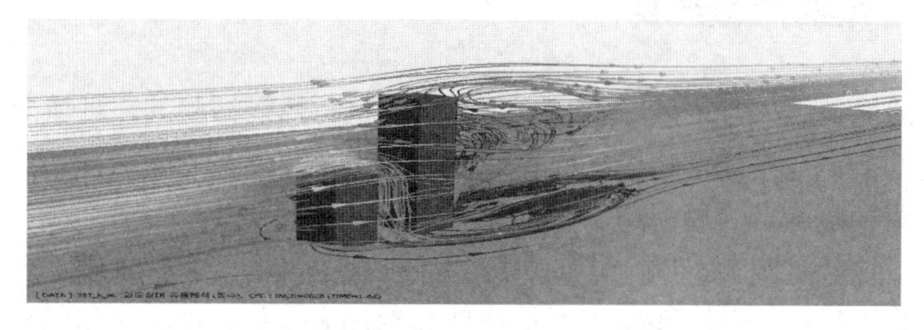

图 2-4-32 风的传递过程模拟

工程风洞试验一般包含以下三个主要方面，这些方面可以依据工程情况灵活选择，并非每个工程都应全部进行。

1）风洞风环境试验报告，这个报告主要是为今后做景观设计提供必要的风荷载参数。

2）风洞动态测压试验报告，这个报告主要是为今后建筑外围幕墙设计提供一些风荷载设计参数。

3）风振计算报告，这个报告主要是为主体结构设计提供必要的一些风荷载参数。

以下是笔者主持设计的几个做过风洞试验的工程：

【工程案例 1】2011 年笔者主持设计的宁夏万豪国际中心大厦工程，属超限高层建筑，风洞试验模型图及效果如图 2-4-33 所示。

图 2-4-33 风洞试验模型图及效果图

本工程高度226m，地上50层，地下3层，结构体系为混合结构，即矩形钢管混凝土框架柱＋钢梁＋钢筋混凝土核心筒结构，本地区50年一遇基本风压为0.65kN/m^2，10年一遇的基本风压为0.40kN/m^2；抗震设防烈度为8度（0.20g），地震分组为第二组。

图2-4-34　风洞试验模型图及效果图

【工程案例2】2012年笔者主持设计的青岛胶南世茂国际中心风洞试验模型及效果图如图2-4-34所示。

本工程由1号塔地上64层与2号塔46层组成连体结构，高度分别为246m和159m，结构体系为钢筋混凝土框架-剪力墙结构，工程所在地50年一遇基本风压为0.6kN/m^2，10年一遇的基本风压为0.45kN/m^2；抗震设防烈度为6度（0.05g），地震分组为第三组；正、负风压体型系数分别如图2-4-35、图2-4-36所示。

由以上正、负风压体型系数来看，显然比《建筑结构荷载规范》给出的要大很多，所以对于体型特殊的建筑必须进行风洞试验。

【工程案例3】2014年笔者主持设计的首开万科中心风洞试验模型及效果图如图2-4-37所示。

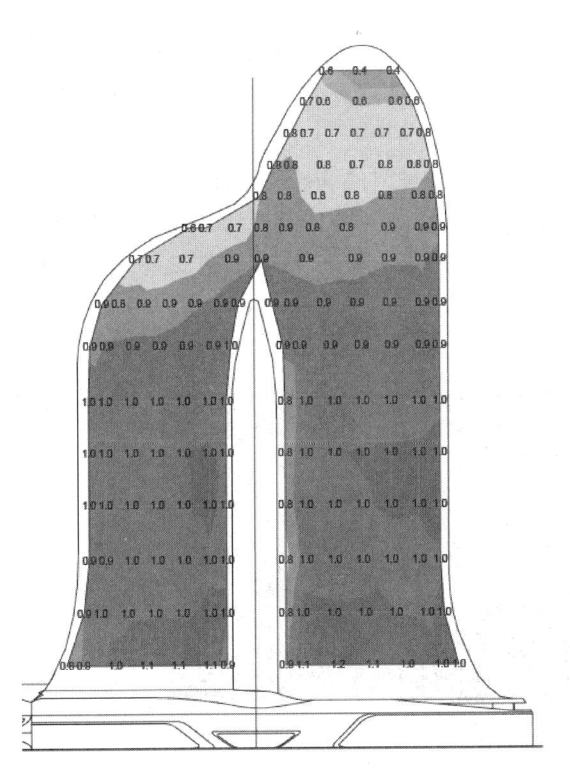

图2-4-35　正风压体型系数分布图示意

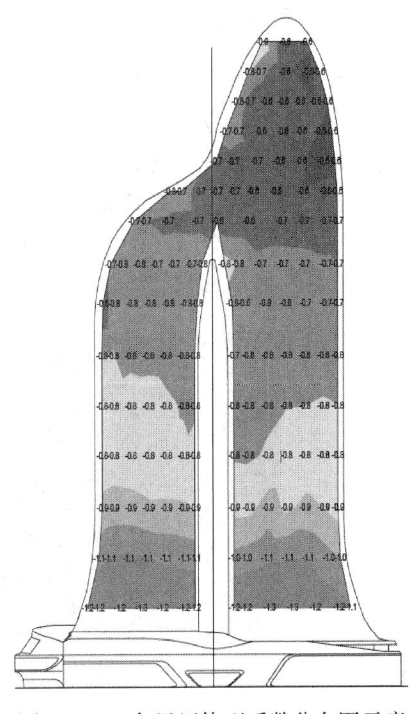

图2-4-36　负风压体型系数分布图示意

图 2-4-37 风洞试验模型图及效果图

本工程地处北京大兴区，平面为三角形，地上高度为 216m，结构体系为钢筋混凝土框架-核心筒结构，工程所在地 50 年一遇基本风压为 0.45kN/m^2，10 年一遇的基本风压为 0.30kN/m^2；抗震设防烈度为 8 度（0.20g），地震分组为第一组。

在业主进行风洞试验招标之前，设计单位结构专业要提供风洞试验技术要求，风洞试验一般需要依据工程情况选择以下三个方面的内容：

（1）测压试验可以获得主体结构上的风荷载及围护结构上的风荷载；

（2）气弹震动试验可获得结构动力响应及风荷载的评估结果（即舒适性试验）；

（3）风环境试验可预测在建筑物周围地表附近由于强风形成的风环境影响，以及预测建筑物自身的风环境影响。

【工程案例 4】2020 年 8 月笔者参加了一个“奇奇怪怪”建筑的论证评审会。

万达长春影视地基大门项目位于长春市，大门建筑造型奇特，立意为“扭转的电影胶片”（图 2-4-38）。大门跨度为 85m，最高离地面 13m，厚度约为 1m，抗震设防烈度 7 度（0.10g），基本风压为 0.65kN/m^2（50 年一遇），雪压为 0.45kN/m^2（50 年一遇）。结构体系为大跨钢结构。

图 2-4-38 大门“扭转的电影胶片”效果图

由于设计院参考《建筑结构荷载规范》GB 50009-2012 获取的体型系数，据说按放大 2.0 倍进行设计。

笔者在会上提出：考虑到结构体型复杂，风荷载为结构设计的主要控制荷载，建议通过风洞试验获取风荷载相关参数，以保证结构抗风安全性及经济合理性。

【工程案例 5】“奇奇怪怪”建筑之二

某观光塔以平台为界，分为塔身和飘带，塔身高度为 38.1m，飘带高度为 25.66m（图 2-4-39、图 2-4-40）。设计师希望观光塔能够给人一种纤细轻盈感，要求塔身内圈直径不超过 6m，塔身结构只能有三根柱，且柱截面尺寸不能超过 350mm，这给结构设计带来了极大的挑战。如何解决结构在竖向荷载及水平荷载作用下的侧向变形和整体稳定成为结构设计的关键问题。

图 2-4-39 观光塔建筑效果图

图 2-4-40 部分相关图片

场地粗糙度类别 B 类，基本风压按 50 年一遇取为 0.40kN/m^2。由于观光塔为柔性结构，对风荷载比较敏感，承载力设计时，基本风压按放大至 1.1 倍采用。由于此类结构的风荷载体型系数无类似工程可参考，因此需要通过风洞试验确定风荷载体型系数。

风洞试验在交通运输部天津水运工程科学研究院 TK-400 直流风洞试验室中进行。观光塔模型包括塔身标准节段刚性模型和平台-飘带刚性模型（图 2-4-41），模型与实物建筑在外形上保持几何相似，塔身标准节段缩尺比为 1/20，平台-飘带缩尺比为 1/50。试验采用统一风向角 θ 为 0°～360°，风向角间隔 15°，共 24 个风向角（图 2-4-41c）。将模型固定在风洞的转盘上，通过转盘旋转来模拟不同风向。

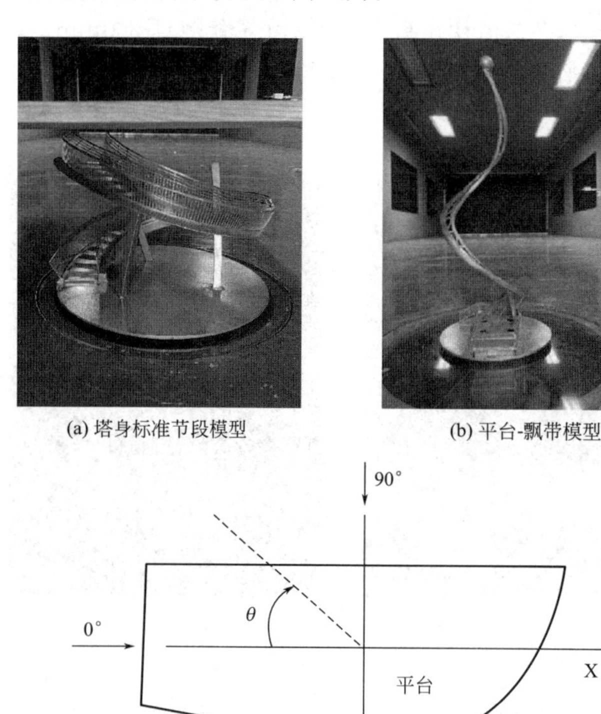

(a) 塔身标准节段模型　(b) 平台-飘带模型

(c) 风向角示意图

图 2-4-41　风洞模型及风向角

图 2-4-42（a）为塔身和平台-飘带的典型迎风面，通过 24 个不同风向角下的模型试验，获得了全风向角下观光塔的体型系数，如图 2-4-42（b）所示。对于塔身整体，由于各风向角对应的迎风面基本无变化，所以塔身整体在各风向角下的体型系数变化很小。对于平台-飘带，由于各风向角对应的迎风面差异相对较大，所以各风向角下的体型系数有较大差异，当风向角为 270°时，体型系数达到最大 1.24。

结构整体计算时，由于采用梁单元模拟，风荷载均以线荷载形式输入。模型中塔身部分只有弯扭柱和螺旋梁，悬挑楼梯未带入整体模型计算，计算模型迎风面与实际的迎风面有差异，因此，根据迎风面风荷载大小相等原则，将试验测得体型系数进行换算，换算结果见图 2-4-42（b），可以看出，弯扭柱和螺旋梁的体型系数为 1.35～1.78。根据《建筑结构荷载规范》计算出风荷载标准值，然后根据弯扭柱和螺旋梁的迎风面积得到施加于构件上的线荷载。

（7）特别提醒设计师注意

计算大型雨篷等轻型屋面结构构件时，除需要考虑风吸力之外，还必须考虑风压力的作用，但这个压力值在规范、标注中并未给出。

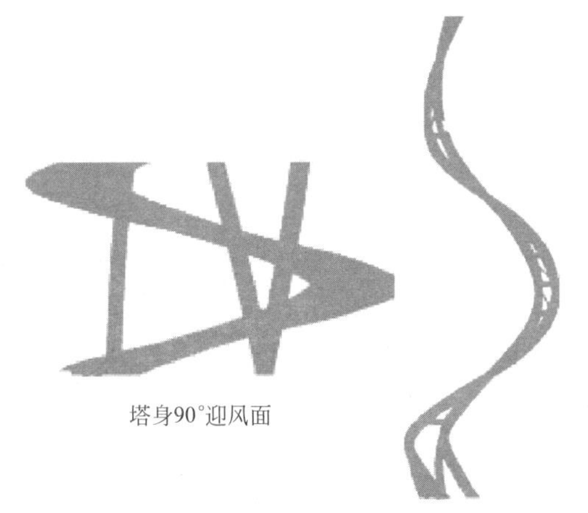

(a) 典型迎风面

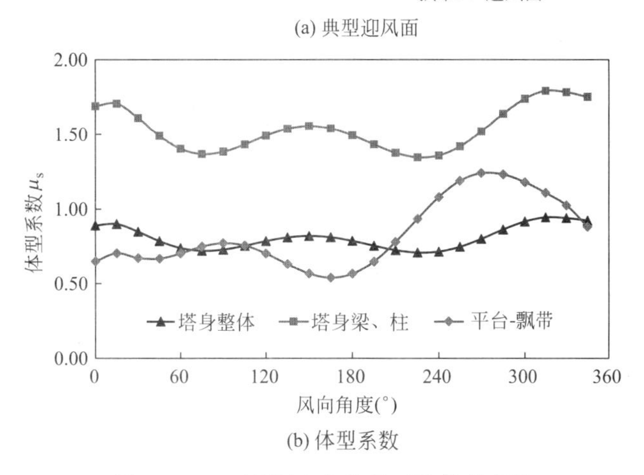

(b) 体型系数

图 2-4-42 不同风向角迎风面及体型系数

通常情况下，作用于建筑物表面的风荷载分布并不均匀，在角隅、檐口、边棱处和在附属结构的部位（如阳台、雨篷等外挑构件），局部风压会超过一般部位的风压。所以规范对这些部位的体型系数进行了调整放大，但遗憾的是规范仅给出这些部位的风吸力（向上作用），并未给出这些附属在主体建筑外（如阳台、雨篷等外挑构件）的压力（向下作用）。实际上这种向下作用的力还是不可忽视的，这已经通过很多工程的风洞试验得到了验证（图 2-4-43）。

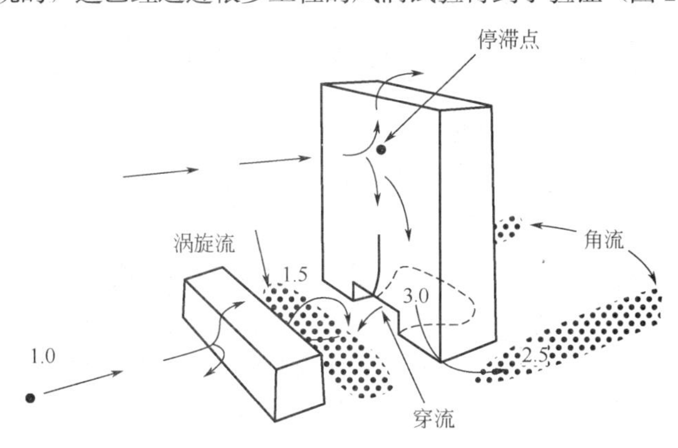

图 2-4-43 高层建筑周边流场分析图

【工程案例 1】2011 年笔者主持设计的宁夏万豪大厦工程，主体高度为 226m，裙房高度为 25.8m。

风洞试验模型如图 2-4-44 所示，试验得出的裙房屋面及雨篷正负风压体型系数见表 2-4-8。

图 2-4-44 风洞试验模型

裙房屋面及雨篷正负风压体型系数 表 2-4-8

作用部位	正风压(压力)	负风压(吸力)
裙房顶部	1.23	−2.92
雨篷下表面	0.86	−1.95

【工程案例 2】2016 年笔者主持（顾问优化）的济南某 300m 高建筑工程。风洞模型试验如图 2-4-45 所示。风洞试验的雨篷风压体型系数如表 2-4-9 所示。

图 2-4-45 风洞试验模型及周边建筑分布情况

雨篷正负风压体型系数 表 2-4-9

作用部位	正风压(压力)	负风压(吸力)
一层雨篷	0.73	−1.27
二层雨篷	0.66	−1.18

由以上 2 个实际工程案例可以看出：对于大底盘建筑，在裙房屋面设计时，还需要考虑正风压的影响，对于雨篷构件就更加应该重视这个问题。

4.6.9 当新建建筑可能使周边风环境发生较大改变时，应评估其对相邻既有建筑风环境和风荷载的不利影响并采取相应措施。

延伸阅读与深度理解

(1) 建筑群之间的干扰效应是造成风荷载增大的重要因素之一。当新建筑体量较大时，往往会使其周边的风环境发生明显改变。

(2) 风环境的改变既会对行人的风环境舒适度造成影响，也会使得相邻建筑物的表面风荷载，尤其是幕墙等围护结构的风荷载发生改变。

(3) 为保证既有建筑的抗风安全，需要评估新建筑对相邻建筑是否存在不利影响。如果影响较大。则需要考虑对新建建筑进行调整以减小其不利影响，或者对既有建筑采取局部加固等技术措施。

(4) 建筑室外风环境是城市微热环境的重要组成部分，涉及行人的安全和舒适、小区气候和居民健康、绿色建筑与节能等问题。

(5) 建筑风环境的测评方法包括风洞试验、模型试验和数值模拟，其中风洞试验和模型试验的花费很大而且试验周期很长。随着计算机技术的发展，计算流体力学 CFD (Computational Fluid Dynamics) 在建筑通风模拟评价领域的应用越来越广泛，采用 CFD 数值模拟技术对建筑风环境进行测评，可以大大降低测试成本，缩减评价周期。

(6) 依据《绿色建筑评价标准》GB/T 50378-2019 第 8.2.8 条：

8.2.8 场地内风环境有利于室外行走、活动舒适和建筑的自然通风，评价总分值为 10 分，并按下列规则分别评分并累计：

1 在冬季典型风速和风向条件下，按下列规则分别评分并累计：

1) 建筑物周围人行区距地高 1.5m 处风速小于 5m/s，户外休息区、儿童娱乐区风速小于 2m/s，且室外风速放大系数小于 2，得 3 分；

2) 除迎风第一排建筑外，建筑迎风面与背风面表面风压差不大于 5Pa，得 2 分。

2 过渡季、夏季典型风速和风向条件下，按下列规则分别评分并累计：

1) 场地内人活动区不出现涡旋或无风区，得 3 分；

2) 50%以上可开启外窗室内外表面的风压差大于 0.5Pa，得 2 分。

【工程案例】2012 年笔者主持设计的青岛胶南国际世茂中心，由于这个工程平、立面特殊，风环境试验就显得特别重要，试验模型见图 2-4-46，轴系定义见图 2-4-47，试验结果见图 2-4-48。

图 2-4-46 风洞试验模型

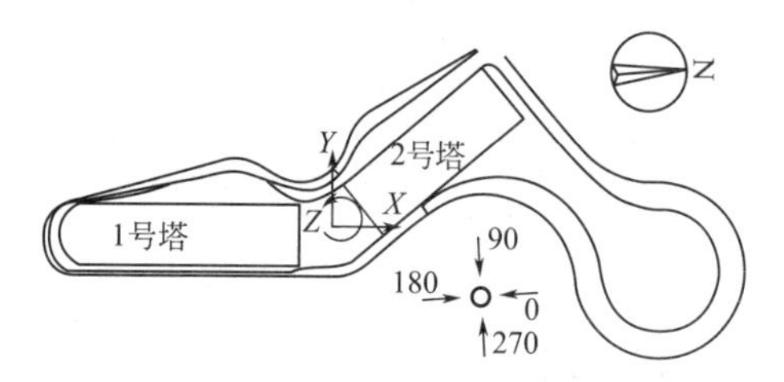

图 2-4-47 轴系定义和风向角

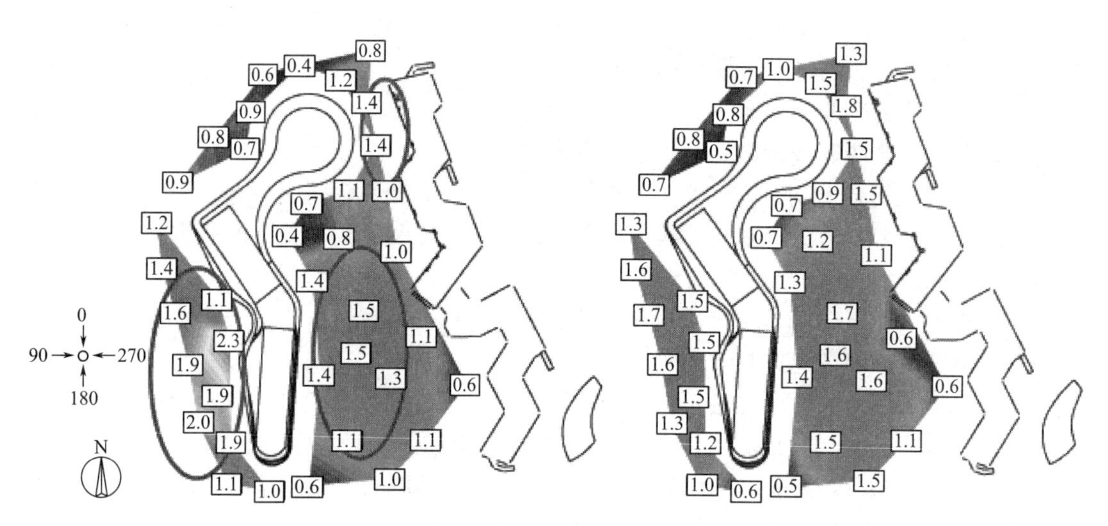

图 2-4-48 SSE 风向（左）和 NNW（右）风向下的行人高度风速比

试验结论：在 SSE 风向下，国际中心西南侧出现很高风速比，最高达 2.3；在高层-裙楼连接的拐弯处，以及背风的西北侧，风速比都小于 1.0，而在 NNW 风向下，大楼东侧和西侧的风速比大多在 1.6，西北侧由于来流基本正吹，受到阻挡，因此风速比低于 1.0。

总的来看，国际中心在青岛市常年主导风向 SSE 风向和最大风速主导风向 NNW 风向下，风环境舒适度不佳。当天气预报 4 级风时，风速比大于 1.5 的区域可能会出现 6 级风。

重点应关注以下三个区域：国际中心西南侧、东南侧以及通道处（见图 2-4-48 中椭圆圈出范围）。在这 3 个区域应当尽量避免设置行人活动区域，或通过人工造景观、绿化等方法降低风速，避免造成行人不适，以满足《绿色建筑评价标准》GB/T 50378-2019 第 8.2.8 条的相关要求。

4.6.10 风荷载的组合值系数、频遇值系数和准永久值系数应分别取 0.6、0.4 和 0。

延伸阅读深度理解

本条规定了风荷载的组合值系数、频遇值系数和准永久值系数。

4.7　温度作用

4.7.1　温度作用应考虑气温变化、太阳辐射及使用热源等因素，作用在结构或构件上的温度作用应采用其温度的变化来表示。

延伸阅读与深度理解

（1）本条规定了确定温度作用的基本原则。

（2）引起温度作用的因素主要包括气温变化、太阳辐射及使用热源等。由于建筑物大多暴露于自然环境，气温变化是引起建筑结构温度作用的主要起因；暴露于阳光下且表面颜色较暗、吸热性能好、热传递快的结构，太阳辐射引起的温度作用明显；有散热设备的厂房、烟囱、存储热料的料仓、冷库等，其温度作用由使用热源引起，应由工业或专门规范作规定。

4.7.2　计算结构或构件的温度作用效应时，应采用材料的线膨胀系数。

延伸阅读深度理解

（1）本条规定了计算温度作用时的热膨胀系数应当采用线膨胀系数。

（2）钢材的线膨胀系数为 12×10^{-6}℃，混凝土的线膨胀系数为 1×10^{-6}℃。

4.7.3　基本气温应采用50年重现期的月平均最高气温和月平均最低气温，金属结构等对气温变化较敏感的结构，适当增加或降低基本气温。

延伸阅读与深度理解

（1）采用什么气温参数作为年极值气温样本数据，目前还没有统一模式。欧洲规范EN1991-1-5：2003采用小时最高和最低气温，与国内在建筑结构设计中采用的基本气温并不统一。

（2）钢结构设计有的采用极端最高最低气温，混凝土结构设计有的采用月平均最高最低气温，这种情况带来的后果是难以用统一尺度评判温度作用下结构的可靠性水准，温度作用分项系数及其他各系数的取值也很难统一。因此本条将基本气温定义为50年重现期的月平均最高气温和月平均最低气温。

（3）对于热传导速率较慢且体积较大的混凝土及砌体结构，结构温度接近当地月平均气温，可直接取用月平均最高气温和月平均最低气温作为基本气温。

（4）对于热传导速率较快的金属结构或体积较小的混凝土结构，它们对气温的变化比较敏感，这些结构要考虑昼夜气温变化的影响，必要时应对基本气温进行修正。

（5）气温修正的幅度大小与地理位置相关，根据工程经验及当地极值气温与月平均最高和最低气温的差值酌情确定。

4.7.4 均匀温度作用的标准值应按以下规定确定：

1 对结构最大温升的工况，均匀温度作用标准值应为结构最高平均温度与最低初始平均温度之差；

2 对结构最大温降的工况，均匀温度作用标准值应为结构最低平均温度与最高初始平均温度之差。

延伸阅读与深度理解

（1）本条规定了均匀温度作用的计算方法。均匀温度作用对结构影响最大，也是设计时最常考虑的，温度作用的取值及结构分析方法较为成熟。

（2）对室内外温差较大且没有保温隔热面层的结构，或太阳辐射较强的金属结构等，应考虑结构或构件的梯度温度作用，对体积较大或约束较强的结构，必要时应考虑非线性温度作用，对梯度和非线性温度作用的取值及结构分析目前尚没有较为成熟统一的方法。

（3）本规范仅对均匀温度作用作出规定，其他情况设计人员可参考有关文献或根据设计经验酌情处理。

（4）以结构的初始温度（合拢温度）为基准，结构的温度作用效应要考虑温升和温降两种工况。这两种工况产生的效应和可能出现的控制应力或位移是不同的，温升工况会使构件产生膨胀，而温降则会使构件产生收缩，一般情况都应校核。

（5）气温和结构温度的单位采用摄氏度，零上为正，零下为负。温度作用标准值的单位也是摄氏度，温升为正，温降为负。

4.7.5 结构最高平均温度和最低平均温度，应基于基本气温根据工程施工期间和正常使用期间的实际情况，按热工学原理确定。

延伸阅读与深度理解

（1）本条规定了建筑结构温度的确定原则。

（2）结构最高或最低平均温度一般是指结构在夏季或冬季的平均温度。

（3）影响结构平均温度的因素较多，需要结合施工和正常使用期间的实际情况加以确定。比如对于有围护的室内结构，需要考虑室内外温差的影响；对于暴露于室外的结构或施工期间的结构，需要依据结构的朝向和表面吸热性质考虑太阳辐射的影响。

（4）而地下室与地下结构的温度，还需要考虑离地面深度的影响。

（5）是否需要计算温度应力对结构的影响，首先必须结合规范对各种结构体系、材料的不同区别对待。《混凝土结构设计规范》GB 50010-2010 规定，当结构温度伸缩缝超过规范规定限值时，就宜进行温度作用计算，要进行温度应力分析就首先必须清楚以下概念：

1）基本气温

与基本雪压和基本风压一样，基本气温是气温的基准值，是确定温度作用所需的最主要的气象参数。基本气温一般以气象台站记录所得历年的气温数据为样本，经统计得到的具有一定年超越概率的最高和最低气温。采用什么样的气温参数作为年极值气温样本数据，目前还没有统一模式。

在以往的建筑结构设计实践中，采用的气温也不统一，钢结构一般采用极端最高或最低气温；混凝土结构有的采用月平均最高或最低气温（大型构件），也有的采用周平均气温（小型构件）。这种情况带来的后果就是难以用统一尺度评判温度作用下结构的可靠性水准。温度作用分项系数及其他各项系数的取值也难统一。作为结构设计的基本气象参数，有必要加以规范和统一。

根据国内的设计经验并参考国外规范，2012 版《建筑结构荷载规范》将基本气温定义为当地 50 年一遇的月平均最高气温 T_{max} 和月平均最低气温 T_{min}。根据全国 600 多个基本气象台站最近 30 年历年的最高温度月的月平均最高气温和最低温度的月平均最低气温为样本，经统计得到各地的基本气温值。例如北京最高温度月为 8 月，则取 8 月份每天记录得到的最高气温，平均后得到月平均最高气温统计样本值；北京最低气温月为 2 月，则取 2 月每天记录得到的最低气温，平均后就得到月平均最低气温统计样本值。2012 版《建筑结构荷载规范》附录 E 中首次给出各主要城市基本气温的最高和最低温度值。此外还首次绘制了全国基本气温分布图，对当地没有气温资料的场地，可通过与附近地区气象和地形条件的对比分析，按气温分布图确定基本气温值，见 2012 版《建筑结构荷载规范》附录 E 图 E. 6. 4 和图 E. 6. 5。

由我国基本气温分布图可以看出，由于我国幅员辽阔、地形复杂、气温变化非常大，尤其是最低气温可以从－40℃一直到 15℃，变化幅度巨大。

对于热传导速率较慢且体积较大的混凝土和砌体结构，外露结构的平均温度接近当地月平均气温，规范规定的月平均最高和月平均最低气温作为基本气温一般是比较合适的。对于热传导速率较快的金属结构或体积较小的混凝土结构，它们对气温变化比较敏感，需要考虑极端气温的影响，规范规定的基本气温可能偏于不安全，必要时应对基本气温进行修正。具体修正的幅度大小与围护条件及地理位置相关，如围护结构保温节能建筑，室内气温受外部气温变化影响较小。因此应根据工程经验及当地极值气温与基本气温的差值酌情确定。

2）结构平均温度的取值

合理确定结构的平均温度和初始温度，是保证结构在温度作用下的安全性和经济性的关键。从结构表面气温到结构的平均气温，是一个温度传递的过程，应按热传导的原理确定。确定结构的平均温度要考虑多种因素，如气温选取、室内外温差、太阳辐射、地下结构等。

3）室内外温差与地下结构的影响

由于房屋建筑千差万别，缺少各类建筑室内外温差的实测资料，设计人员可以根据围护条件和当地经验选定。一般夏季室内外温差和冬季室内外温差可分开确定，确定室内外温差时一般不宜考虑室内人工环境（如制冷或供热）。因为遇停电或其他事故时，制冷或供热将中断。

同一栋建筑，地面以上与地下室室内外温差应分开选定。有多层地下室时，越往下温度变化越小。当离土体表面深度超过 10m 时，土体基本为恒温，等于年平均气温。

4）结构初始温度

结构初始温度就是结构形成整体时的温度。对于超长混凝土结构往往设有施工后浇带，钢结构则会有合拢段。

混凝土后浇带从混凝土浇捣到达到一定的弹性模量和强度一般需要 15～30d。因此超长混凝土结构的初始温度（合拢温度）可取后浇带封闭时的月平均气温。

钢结构通过焊接或栓接合拢，时间较短，一般可取合拢时的日平均气温。当合拢时有日照时，应适当考虑日照的影响。

结构设计时，往往不能确定施工工期，即便有预估的工期，亦存在变更的可能，因此，结构初始温度（合拢温度）通常是一个区间值，这个区间值应包括施工可能出现的合拢温度，即保证在一年大部分时间内结构都可能合拢，要考虑施工的可行性。

5）均匀温度作用

均匀温度作用是影响结构性能的主要因素，以结构的初始温度（合拢温度）为基准，结构的均匀温度作用效应考虑温升和温降两种工况。这两种工况产生的效应和可能出现的结构内力或位移有所不同，升温工况会使构件膨胀，而降温则会使构件收缩。

结构最大温升工况的均匀温度作用标准值按下式计算：

$$\Delta T_k = T_{s,max} - T_{0,min}$$

式中 ΔT_k——均匀温度作用标准值（℃）；

$T_{s,max}$——结构最高平均温度（℃）；

$T_{0,min}$——结构最低初始月平均温度（℃）。

结构最大降温工况的均匀温度作用标准值按下式计算：

$$\Delta T_k = T_{s,min} - T_{0,max}$$

式中 ΔT_k——均匀温度作用标准值（℃）；

$T_{s,min}$——结构最低平均温度（℃）；

$T_{0,max}$——结构最高初始月平均温度（℃）。

【均匀温度作用算例】以北京某大型公共建筑工程为例，该工程有室内结构和室外结构，也有混凝土结构和钢结构两种材料。确定均匀温度作用的步骤和方法如下：

(1) 收集气象资料

基本气温：最高月 36℃，最低月 −13℃；

月平均气温：最高 26℃（7 月），最低 −6℃（1 月）；

历年极端气温：最高 41.9℃，最低 −17℃。

(2) 确定结构合拢温度

可定为 10～25℃，可以保证在一年中大部分时间均可合拢，具备施工可行性。

(3) 确定室内外温差

夏季室内外温差取 10℃，冬季室内外温差取 15℃，不考虑人工制冷和供热。

(4) 确定混凝土收缩等效温降

混凝土结构设置后浇带，收缩等效温降取−4℃。

(5) 确定结构最高温度、最低温度

结构最高温度=最高气温代表值−夏季室内外温差。

结构最低温度=最低气温代表值−冬季室内外温差。

1) 对室内混凝土结构

大型公共建筑围护保温隔热较好，围护层不仅造成室内外温差，亦导致室内外热传导速率显著降低，气温代表值更接近最高（最低）月平均气温。因此，选择室外气温时，可以基本气温为基础加以调整，可近似取基本气温和经验系数 c1（用于最高气温）、c2（用于最低气温）的乘积。经验系数可参考最高（最低）月平均气温，根据各地的实际工程经验确定，此处暂定 c1=0.8，c2=0.6。

最高气温：36×0.8=29℃；

最低气温：−13×0.6=−8℃；

结构最高温：29−10=19℃；

结构最低温：−8+15=7℃；

考虑收缩等效温降，结构最低温=7−4=3℃。

2) 对于室内钢结构

由于围护层的存在，室外气温以基本气温为基础，考虑极端气温加以调整，可近似取基本气温和经验系数 c3（用于最高温）、c4（用于最低温）的乘积。经验系数可参考最高（最低）月平均气温，根据各地的实际工程经验确定。此处暂定 c3=1.08，c4=1.15。

最高气温：36×1.08=39℃；

最低气温：−13×1.15=−15℃；

结构最高温：39−10=29℃；

结构最低温：−15+15=0℃。

3) 对于室外混凝土结构

混凝土结构柱、梁尺寸较大，而板较薄，气温代表值可近似取基本气温和经验系数 c5（用于最高温）、c6（用于最低温）的乘积。经验系数可参考最高（最低）月平均气温，根据各地的实际工程经验确定。此处暂定 c5=0.86，c6=0.77。

由于无室外温差，结构温度可取气温代表值：

最高气温：41.9℃；

最低气温：−17℃。

4) 对于室外钢结构

室外钢结构温度可取历年极端最高（最低）温度：

最高气温：36×0.86=31℃；

最低气温：−13×0.77=−10℃。

(6) 确定结构最大升温、降温

1) 室内混凝土结构

结构最大升温：$\Delta T_k = T_{s,max} - T_{0,min} = 19 - 10 = 9$℃；

结构最低降温：$\Delta T_{k}=T_{s,min}-T_{0,max}=3-25=-22$℃。

混凝土降温时，水平构件变为拉弯构件开裂加剧，温度应力释放比升温时要多，可以对温降适当折减，此处折减系数取0.85，结构最大降温：$-22\times0.85=-19$℃。

2）室内钢结构

结构最大升温：$\Delta T_{k}=T_{s,max}-T_{0,min}=29-10=19$℃；

结构最低降温：$\Delta T_{k}=T_{s,min}-T_{0,max}=0-25=-25$℃。

3）室外混凝土结构

结构最大升温：$\Delta T_{k}=T_{s,max}-T_{0,min}=31-10=21$℃；

结构最低降温：$\Delta T_{k}=T_{s,min}-T_{0,max}=-14-25=-39$℃。

混凝土降温时，水平构件变为拉弯构件开裂加剧，温度应力释放比升温时要多，可以对温降适当折减，此处折减系数取0.85，结构最大降温：$-39\times0.85=-33$℃。

4）室外钢结构

结构最大升温：$\Delta T_{k}=T_{s,max}-T_{0,min}=42-10=32$℃；

结构最低降温：$\Delta T_{k}=T_{s,min}-T_{0,max}=-17-25=-42$℃。

由于气温取历年极端气温，温升（温降）变异较小，室外钢结构的温度作用标准值可以适当折减，此处取折减系数为0.78。折减后室外钢结构温度作用标准值为：

结构最大升温：$\Delta T_{k}=32\times0.78=25$℃；

结构最低降温：$\Delta T_{k}=-42\times0.78=-33$℃。

4.7.6 结构的最高初始平均温度和最低初始平均温度应根据结构的合拢或形成约束时的温度确定，或根据施工时结构可能出现的温度按不利情况确定。

延伸阅读与深度理解

（1）本条规定了结构的初始气温确定原则。

（2）混凝土结构的合拢温度一般可取后浇带封闭时的月平均气温。

（3）钢结构的合拢温度一般可取合拢时的日平均温度，但当合拢有日照时，应考虑日照的影响。

4.7.7 温度作用的组合值系数、频遇值系数和准永久值系数可分别取0.6、0.5和0.4。

延伸阅读与深度理解

（1）本条规定了温度作用的组合值系数、频遇值系数和准永久值系数。

（2）作为结构可变荷载之一，温度作用应根据施工和使用期间可能同时出现的情况考虑其与其他可变荷载的组合。

（3）规范给出的组合系数、频遇值系数和准永久值系数主要依据设计经验及参考欧洲规范确定。

另外关于温度荷载的相关问题可参考 2018 年出版发行的《建筑工程设计文件编制深度规定（2016 版）应用范例—建筑结构》。

4.8 偶然作用

4.8.1 当以偶然作用作为结构设计的主导作用时，应考虑偶然作用发生时和偶然作用发生后两种工况。在允许结构出现局部构件破坏的情况下，应保证结构不致因局部破坏引起连续倒塌。

延伸阅读与深度理解

（1）本条规定了偶然荷载的设计原则。

（2）建筑结构设计中，主要依靠优化结构方案、增加结构冗余度、强化结构构造等措施，避免因偶然荷载作用引起结构发生连续倒塌。

（3）在结构分析和构件设计中是否需要考虑偶然荷载作用，要视结构的重要性、结构类型及复杂程度等因素，由设计人员与业主根据经验决定。

（4）结构设计中应考虑偶然荷载发生时和偶然荷载发生后两种设计状况。首先，在偶然事件发生时应保证某些特殊部位的构件具备一定的抵抗偶然荷载的承载能力，结构构件受损可控。此时结构在承受偶然荷载的同时，还要承担永久作用、活荷载或其他荷载，应采用结构承载能力设计的偶然荷载效应组合。

（5）要保证在偶然事件发生后，受损结构能够承担对应于偶然设计状况的永久作用和可变荷载，保证结构有足够的整体稳定性，不至因偶然荷载引起结构连续倒塌，此时应采用结构整体稳定验算的偶然荷载效应组合。

（6）偶然事故，恐怖活动，车辆撞击，由炸药、燃气、粉尘等引起的爆炸等如图 2-4-49、图 2-4-50 所示。

图 2-4-49 美国“9·11”恐怖袭击活动（左）和汽车人为及非人为撞击（右）

图 2-4-50 国外某居民楼煤气爆炸（左）和营口居民楼煤气爆炸（右）

4.8.2 按照静力方法计算爆炸荷载时，应以静力荷载与动荷载的荷载效应等效为原则。

（1）爆炸荷载按等效静力荷载采用；

（2）在炸药爆炸动荷载作用下，结构构件的等效均布静力荷载标准值，可按下式计算：

$$q_{ce}=K_{dc}p_c$$

式中 p_c——作用在结构构件上的均布动荷载最大压力；

K_{dc}——动力系数，根据构件在均布动荷载作用下的动力分析结果，按最大内力等效的原则确定。

4.8.3 常规炸药爆炸的等效静力荷载，应在动力荷载的基础上按照内力等效原则乘以动力放大系数。

同 4.8.2。

4.8.4 燃气爆炸的等效静力荷载，应考虑通口板面积和爆炸空间体积等因素的影响，按最不利条件取值。

4.8.2～4.8.4 规定了爆炸荷载的计算原则。

4.8.5 撞击荷载的计算应根据撞击物的质量、速度、撞击时间和作用点确定。

延伸阅读与深度理解

(1) 本条规定了撞击荷载的计算原则。

(2) 当电梯运行超过正常速度一定比例后安全钳首先作用，将轿厢（对重）卡在导轨上。安全钳作用瞬间将轿厢传来的冲击作用给导轨，再由导轨传至底坑（悬空导轨除外）。在安全钳失效的情况下，轿厢才有可能撞击缓冲器，缓冲器将吸收轿厢的动能，提供最后的保护。因此偶然情况下，作用于底坑的撞击力存在四种情况：

1) 轿厢或对重的安全钳通过导轨传至底坑。

2) 轿厢或对重通过缓冲器传至底坑。

(3) 为了简化计算，《建筑结构荷载规范》GB 50009-2012 给出：电梯竖向撞击荷载标准值可在电梯总重力荷载的 4～6 倍范围内选取。

(4) 电梯竖向撞击荷载标准值可参考表 2-4-10 取值：额定速度较大的电梯，相应的撞击荷载也较大，高速电梯（额定速度不小于 2.5m/s）宜取上限值。

撞击力与电梯总重力荷载比值计算结果 **表 2-4-10**

电梯类型		品牌 1	品牌 2	品牌 3
无机房	低速客梯	3.7～4.4	4.1～5.0	3.7～4.7
有机房	低速客梯	3.7～3.8	4.1～4.3	4.0～4.8
	低速观光梯	3.7	4.9～5.6	4.9～5.4
	低速医梯	4.2～4.7	5.2	4.0～4.5
	低速货梯	3.5～4.1	3.9～7.4	3.6～5.2
	高速客梯	4.7～5.4	5.9～7.0	6.5～7.1

【工程案例】笔者 2013 年主持设计的太原万国城 MOMA 改造工程，在主体结构施工完成后，由于业主改变了原结构的使用功能，需要在原建筑的 1～2 层增加一部电梯，由于地下为车库，业主不希望新加这部电梯再下到地下去。原结构为地上五层，地下两层。于是设计时就将电梯的地坑挂在 0.000 楼层梁下，如图 2-4-51 所示。设计过程中对这个电梯的地坑底板及悬挂柱进行了考虑偶然电梯坠落事故荷载的设计验算。

(5) 汽车撞击荷载计算，图 2-4-52 为汽车撞击事故图。

顺行方向的汽车撞击力标准值可按下式计算：

$$P=\frac{mv}{T}$$

1) 汽车质量可取 15t，车速可取 22.2m/s，撞击时间可取 1.0s，作用点位于路面以上 0.5m 和 1.5m 处；

2) 垂直行车方向的撞击力标准值可取顺行方向撞击力标准值的 0.5 倍，二者不考虑同时作用。

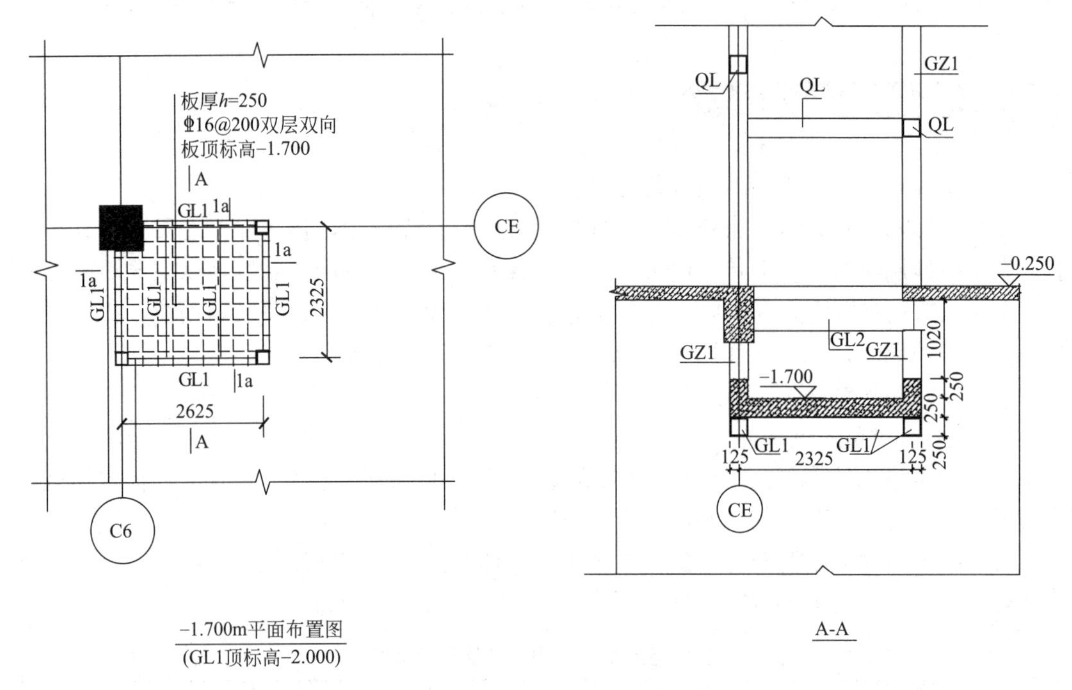

图 2-4-51　某工程电梯防坠落设计图

图 2-4-52　汽车撞击事故图

（6）直升机非正常着陆

竖向等效静力撞击力可按下式计算：

$$F_k = C\sqrt{m}$$

式中　C——系数取 3.0；

　　m——总质量。

1）竖向撞击力的作用范围宜包括停机坪内任何区域以及停机坪边缘线 7m 之内的屋顶结构。

2）竖向撞击力的作用区域为 2m×2m。

（7）偶然荷载处理原则

偶然荷载的确定主要依据主观判断和工程经验，不是基于统计分析，因而设计表达式中不再考虑荷载分项系数，一般直接采用标准值为设计值。

1）偶然事件属于小概率事件，两种不相关的偶然事件同时发生的概率更小，所以不必同时考虑两种偶然荷载。

2）按规定的偶然荷载所设计的结构仍然存在破坏的可能性，但应保证偶然事件发生后受损的结构能够承担相应的永久荷载和活荷载，不至于发生由于局部破坏导致的结构整体倒塌。所以，组合表达式分别给出了偶然事件发生时承载能力计算和发生后整体稳定性验算两种不同的情况。

4.9 水流力和冰压力

4.9.1 对于港口工程、桥梁等承受水流作用的结构物，应计算水流力的作用，水流力应按照水流阻力系数、水流动能和构件投影面积的乘积计算。

4.9.2 水流阻力系数应根据梁、桁架、墩、柱等结构的外形确定。当不同结构、构件之间间距较近时，尚应考虑互相影响。

4.9.3 当水流力的作用方向与水流方向一致时，合力作用点位置应按下列规定计算：

1 上部构件：位于阻水面积形心处；

2 下部构件：顶面在水面以下时，位于顶面以下 1/3 高度处；顶面在水面以上时，位于水面以下 1/3 水深处。

延伸阅读与深度理解

水流作用在港口工程和桥梁工程中是常见荷载。本节规定了水流作用的计算公式和水流阻力系数的考虑因素。

4.9.4 作用在港口工程结构物冰荷载应根据当地冰凌实际情况及港口工程的结构形式确定，对重要工程或难以计算确定的冰荷载应通过冰力物理模型试验等专门研究确定。

4.9.5 静冰压力作用点应取冰面以下冰厚 1/3 处。

4.9.6 冰冻期冰层厚度内的冰压力与水压力不应同时考虑。

延伸阅读与深度理解

这三条规定了港口工程结构物上的冰荷载应当考虑的各种情况以及确定其量值大小的原则。

4.10 专门领域的作用

4.10.1 铁路列车引起的气动压力和气动吸力，应作为移动面荷载施加于受影响的建筑结构上。

4.10.2 公路路面、桥涵设计时，车辆荷载应根据公路等级、车辆技术指标和荷载图式确定。作用在港口工程结构上的汽车荷载，应按实际选用的车型确定，并按其可能出现的情况进行排列。

4.10.3 最冷月份平均气温低于−15℃地区的隧道，以及位于永冻土及冻胀土（季节冻胀深度大于2m）的结构，应考虑冻胀力作用。冻胀力应根据当地的自然条件、围岩冬季含水量及排水条件等通过研究确定。

4.10.4 作用在港口工程结构上的堆货荷载标准值应根据堆存货种、装卸工艺确定的堆存情况，结合码头结构形式、地基条件、结构计算项目并考虑港口发展等综合分析确定。

4.10.5 港口和水工建筑物承受的波浪力，应按照直墙式、斜坡式、桩基和墩柱、高桩码头面板等不同结构形式，结合波浪形态和作用方式分别计算确定。当结构或地形复杂时，结构上的波浪力应通过模型试验等专门研究确定。

4.10.6 作用在固定式系船、靠船结构上的船舶荷载应包括下列内容：

1 由风和水流产生的系缆力；

2 由风和水流产生的挤靠力；

3 船舶靠岸时产生的撞击力；

4 系泊船舶在波浪作用下产生的撞击力等。

4.10.7 港口工程结构计算剩余水压力所采用的剩余水头应根据水位的变化、码头排水条件、填料的渗透性能等因素确定。

4.10.8 水工建筑设计时，应根据设计状况对应的计算水位确定静水压力和扬压力。扬压力的分布图形，应根据不同的水工结构形式，上、下游计算水位，地基地质条件及防渗、排水措施等情况确定。

4.10.9 作用在水工建筑物上的动水压力，应区分不同的水流状态。当水流脉动影响结构的安全或引起结构振动时，尚应计及脉动压力的影响。

4.10.10 地下结构是由围岩及其加固措施构成的统一体，设计时应考虑围岩的自稳能力和承载能力。围岩作用应根据岩体结构类型及其特征确定。

4.10.11 挡土建筑物的土压力应根据挡土结构的特点，分别按照主动土压力和静止土压力计算。挡水建筑物的淤沙压力，应根据河流水文泥沙特性、水库淤积平衡年限或设计工作年限、枢纽布置情况经计算确定。

延伸阅读与深度理解

本节规定了应用于专门行业领域的部分作用。主要包括铁路列车作用、公路汽车荷载、冻胀力、波浪力；水工领域常见的静水压力、扬压力、动水压力、围岩作用和淤沙压力等。

附录A　符号

A_d——偶然作用的代表值；

G_{ik}——第 i 个永久作用的标准值；

Q_{1k}——第1个可变作用（主导可变作用）的标准值；

Q_{jk}——第 j 个可变作用的标准值；

P——预应力作用的有关代表值；

γ_0——结构重要性系数；

γ_{Gi}——第 i 个永久作用的分项系数；

γ_{L1}、γ_{Lj}——第1个和第 j 个考虑结构设计工作年限的荷载调整系数；

γ_{Q1}——第1个可变作用（主导可变作用）的分项系数；

γ_{Qj}——第 j 个可变作用的分项系数；

γ_P——预应力作用的分项系数；

μ_z——风压高度变化系数；

ψ_{cj}——第 j 个可变作用的组合值系数；

ψ_{f1}——第1个可变作用的频遇值系数；

ψ_{q1}、ψ_{qj}——第1个和第 j 个可变作用的准永久值系数。

参考文献

[1] 住房和城乡建设部强制性条文协调委员会．建筑结构设计分册［M］．北京：中国建筑工业出版社，2015.

[2] 魏利金．建筑结构设计常遇问题及对策［M］．北京：中国电力出版社，2009.

[3] 魏利金．建筑结构施工图审查常遇问题及对策［M］．北京：中国电力出版社，2011.

[4] 魏利金．建筑结构设计规范疑难热点问题及对策［M］．北京：中国电力出版社，2015.

[5] 魏利金．建筑工程设计文件编制深度规定（2016 版）范例解读［M］．北京：中国建筑工业出版社，2018.

[6] 魏利金．结构工程师综合能力提升与工程案例分析［M］．北京：中国电力出版社，2021.

[7] 段尔焕，魏利金，等．现代建筑结构技术新进展［M］．昆明：原子能出版社，2004.

[8] 魏利金．纵论建筑结构设计新规范与 SATWE 软件的合理应用［J］．PKPM 新天地，2005（4）：4-12，2005（5）：6-12.

[9] 魏利金．多层住宅钢筋混凝土剪力墙结构设计问题的探讨［J］．工程建设与设计，2006（1）：24-26.

[10] 魏利金．试论结构设计新规范与 PKPM 软件的合理应用问题［J］．工业建筑，2006（5）：50-55.

[11] 魏利金．三管钢烟囱设计［J］．钢结构，2002（6）：59-62.

[12] 魏利金．高层钢结构在工业厂房中的应用［J］．钢结构，2000（3）：17-20.

[13] 魏利金．钢筋混凝土折线型梁强度和变形设计探讨［J］．建筑结构，2000（9）：47-49.

[14] 魏利金．大型工业厂房斜腹杆双肢柱设计中几个问题的探讨［J］．工业建筑，2001（7）：15-17.

[15] 魏利金．试论现浇钢筋混凝空心板在高层建筑中的设计［J］．工程建设与设计，2005（3）：32-34.

[16] 魏利金．多层钢筋混凝土剪力墙结构设计中若干问题的探讨［J］．工程建设与设计，2006（1）：18-22.

[17] 李峰，魏利金，李超．论述中美风荷载的换算关系［J］．工业建筑，2009（9）：114-116.

[18] 魏利金，郑红花，史炎升．高烈度区某超限复杂高层建筑结构设计与研究［J］．建筑结构，2012（42）增刊：59-67.

[19] 魏利金．宁夏万豪酒店超限高层动力弹塑性时程分析［J］．建筑结构，2012（42）增刊：86-89.

[20] 魏利金．复杂超限高位大跨连体结构设计［J］．建筑结构，2013（1）下：12-16.

[21] 魏利金，郑红花，史炎升，等．宁夏万豪大厦复杂超限高层建筑结构设计与研究［J］．建筑结构，2013（43）增刊：6-14.

[22] 魏利金．套筒式多管烟囱结构设计［J］．工程建设与设计，2007（8）：22-26.

[23] 魏利金．试论三管钢烟囱加固设计［J］．建筑结构，2007（37）增刊：104-106.